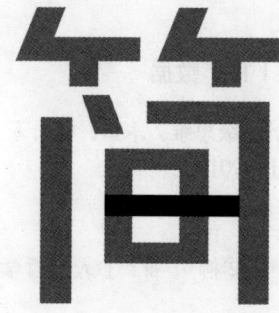

简单

应对复杂世界的高级思维

木鱼 柳白 著

中国华侨出版社
北京

图书在版编目（CIP）数据

简单：应对复杂世界的高级思维／木鱼，柳白著．—北京：中国华侨出版社，2019.5
ISBN 978-7-5113-7833-0

Ⅰ.①简… Ⅱ.①木…②柳… Ⅲ.①人生哲学－通俗读物 Ⅳ.①B821-49

中国版本图书馆CIP数据核字（2019）第068695号

简单：应对复杂世界的高级思维

著　　者：木鱼，柳白	
出 版 人：刘凤珍	出版策划：禹成豪
责任编辑：滕森　邓小兰	图书监制：王　猛
经　　销：新华书店	装帧设计：沈加坤
开　　本：880mm×1230mm　1/32	印　　张：8.5
字　　数：160千字	印　　刷：天津翔远印刷有限公司
版　　次：2019年5月第1版	2019年5月第1次印刷
书　　号：ISBN 978-7-5113-7833-0	
定　　价：42.00元	

中国华侨出版社　北京市朝阳区静安里26号通成达大厦3层　邮编：100028
法律顾问：陈鹰律师事务所
发 行 部：（010）64013086　　　　　　传　　真：（010）64018116
网　　址：www.oveaschin.com　　　　　E－mail：oveaschin@sina.com

北京文通天下图书有限公司
未经许可，不得以任何方式复制或抄袭本书部分或全部内容
版权所有，侵权必究
如有质量问题，请寄回印厂调换。联系电话：022-29908618

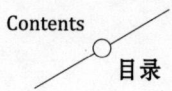

第一章　生活不简单，你要简单过

生活不在于奢华，而在于简单的快乐 _ 002
唯有简单，能让我们全然放松和舒适 _ 007
人生真正需要的东西其实并不多 _ 011
与精致相比，简单更令人活得自由 _ 015
再忙也要给身心放个假 _ 019
不要被浮躁遮掩了一颗平常心 _ 022
活得快乐的人，想要的都很简单 _ 026
倾你所有，按自己的意愿去生活 _ 030
别活在未来，享受生活从今天开始 _ 035
内心澄澈的人，不受尘世喧嚣困扰 _ 040

第二章 在这复杂世界里,做一个通透的人

做一个平和的人,幸运也会随之而来 _ 044
等你拥有了,你还会想要更多 _ 049
拔掉嫉妒那根刺,用淡定修补心灵 _ 053
再亲密的人,也忍受不了你过度猜疑 _ 057
他人的嘲笑,何必放在心上 _ 061
为小事计较,只会显露你的浅薄 _ 064
只看我所有的,不看我所没有的 _ 069
感恩能让一个人变得简单通透 _ 072
收起苛刻,没有谁的灵魂那么完美 _ 076
你觉得不公平,别人可能觉得很正常 _ 080

第三章　生活不容易，做一个有智慧的人

在这薄凉的世界，我们可以拥抱取暖 _ 084
每一个洒脱的人，都有一颗柔软的心 _ 088
做人要直率，忸怩作态没人爱 _ 092
懂得倾听比能说会道更重要 _ 097
把好脾气留给亲近的人 _ 101
幽默决定一个人的魅力 _ 105
爱笑的人，运气从来不会差 _ 109
从成熟的角度接纳别人的批评 _ 115
女人若能柔弱，何须动用坚强 _ 119
欣赏而不拥有，未尝不是另一种享受 _ 123

第四章　你要为自己而活，也要为他人负责

太过高调，反而会让自己的人缘变差　_　128

不要侵犯他人的心理气泡　_　132

玩笑太过火，害了自己伤了别人　_　136

过度热情反而让人对你敬而远之　_　141

心存偏见，怎么能愉快地交往　_　144

换位思考才能理解他人　_　149

贬低他人的人输了优雅　_　154

别人不是你，不要过于苛求　_　158

做人可以聪明，但不要卖弄精明　_　162

以爱的名义控制别人，只会带来伤害　_　167

第五章　别让无关的事情折磨你，勇敢拒绝就对了

无能的人最喜欢用交情绑架别人 _ 174

别人说得出口，你就拒绝得出口 _ 178

不懂拒绝无异于自寻烦恼 _ 183

隐忍要有限度，当心憋出内伤 _ 187

力不能及的事，干吗要答应 _ 191

你吃的都是不懂拒绝的亏 _ 195

别傻了，没有人能决定你的生活 _ 199

任何时候，你都有权利维护自身利益 _ 204

坦率地拒绝，胜过违心地答应 _ 209

看不惯就说出来，没有谁故意为难你 _ 213

第六章　人生有进有退，输什么也不能输了心情

坏情绪会让你把简单的事变得复杂 _ 220

那些不必要的忧虑，就别多想了 _ 225

当你放过自己时，别人也能体谅你 _ 231

太多焦虑源于想太多 _ 234

轻轻地抚平那莫名所以的焦虑 _ 239

清理心灵包袱，才能轻装上路 _ 243

警惕身边的"情绪污染" _ 248

没错，你只是输给了犹豫 _ 252

挣开精神的枷锁，在释怀中解脱 _ 256

发泄情绪没关系，但不要迁怒他人 _ 260

第一章

生活不简单，
你要简单过

生活不在于奢华，而在于简单的快乐

男人呵护女人，因此女人可以依靠男人。在很多人看来也是如此。男人的实力决定着女人的安全感，男人的经济决定着女人的幸福感……对于这个观点，仍存在很多争议。有些女人觉得安全感也好，幸福感也好，不靠男人靠自己，或者说要靠夫妻二人齐心协力；有些女人则对此观点深信不疑，费尽心思想要嫁个能够给自己奢华生活的男人。

但不论怎么争议，差异的是对象，而非奢华这一内容。

很多人把奢华的程度当作衡量幸福感、价值感的重要标杆，于是一味地追求，而忘了停下脚步来好好想一想：自己所追求的是对的还是错的。

一个女人在商场购物，逛了近一个小时了，可是手里的购物袋却少之又少。

"田小姐,您来啦?"一句热情的迎客声惊扰了女人,她不经意地转过头去看。从那位田小姐的打扮来看,就知道这是个富有的女人,烫着波浪大卷,从头到脚都是名牌,金银首饰在店内强光的照射下一闪一闪的,惹得人眼睛不舒服。事实上,女人知道,是自己心里不舒服,因为她不知道自己这辈子还有没有这样光鲜的时候。

"嗯,不是给我打电话说有新货上架吗?限量版的。"田小姐开口问道。看来是老客户了。

"是啊。是法国时尚节刚刚得奖的大师的新作,全球限量只有50个,全中国也只有8个而已。这样名贵的包,当然只配您这样高贵的人了。上午刚到货就给您打电话了,10分钟前才刚刚上架……"说着,导购人员亲自拿着口中所讲的限量版名包,殷切地给那位田小姐搭在肩上。

"好了,给我包起来吧。我早就在网上看过了,我就要这个金色的。"说着便抽出一张卡来。

出于好奇,女人也佯装结账走到柜台,装作不经意地瞟了一眼刚拆下来的价格牌,顿时傻了眼——50000元,这是我一整年的工资啊,那个田小姐就这样毫不犹豫地买了?就这么一个包?它里面是要装金啊,还是装银啊!

直到那个田小姐离开,女人还是没有缓过神来,只听几个导购员在议论说,这个田小姐,每月都要来消费好几次,只要有新货,只要是限量版,她都会抢先买。

"小姐,您好。您有看中的吗?有什么需要我帮忙的吗?"女人看看导购员,看看自己手中随意拿起来的一款包包,再看看包包上标注的"天价",她尴尬地将包包放下,逃离了现场。

很多女人都怕遇到这样的对比。因为同样是女人,活法却不一样,至少在购物时的状态不一样——一个是挥金如土的潇洒,一个是不断翻看价格标签、不断瞠目结舌、心有余而钱包力不足的尴尬。

爱美是女人的天性,女人对于一切美好的事物都向往不已,容易在内心失去了招架的能力。所以,大多数爱美的女人都希望能够成为光鲜亮丽的人,成为他人羡慕的对象。

但现实往往不尽如人意。

女人悻悻地回到家中,满脸的惆怅与不悦。

"亲爱的,回来啦!看我今天给你做了些什么?糖醋排骨哦,是我特意向饭店的大厨请教的,口味那绝对是五星级……"新婚不久的丈夫在餐桌前忙活着,摆满了一桌子的菜。

"在这65平方米的破房子里说五星级,不觉得讽刺吗?"女人没好气地撂下这么一句话,低着头专心地换着拖鞋。

"呦,话可不能这么说。房子虽小,可是咱有啊,多少人连这么个小户型还买不起呢。再说了,幸福不在乎这平方米的数字,再大的房子,晚上也只需那2米乘2米的床占的地方。更重要的是这满屋子的爱……"丈夫本就是个没脾气的人,当初她嫁他也正是因为这一点,不但对自己关爱呵护不已,而且对于自己的无理取闹也总能包容。

"照你这么说,生活的最高理想不是房子有多大,够睡就行了是吧?进门就是床,除了睡觉就别进家门……"原本听来很温馨的话,此刻听来,女人觉得有股"吃不着葡萄就说葡萄酸"的意味。

"亲爱的,你怎么了,小宇宙爆发啦?那么,太后,让小喜子伺候您用膳吧?"丈夫仍旧嬉皮笑脸地,想化解妻子心中的不悦。

"吃吃吃,就知道吃,生活的唯一追求就是吃吗?一个男人就不能有点出息、有点志向!什么知足常乐,都是废话。都知足的话,一辈子都别想过上好日子。"

"你……你说我没出息?我这样把你捧在手心里,我恨不得把全世界都给你,你就没有丝毫的幸福感吗?好日子,哼……什么是好日子……"丈夫呢喃着离开了家。

女人转身走进卧室,床上躺着一束鲜红的玫瑰,旁边放着一个礼品盒,打开是一条金项链。她脑海中顿时出现了一个多月前的画面,自己在柜台前看了又看却舍不得买——怪不得,怪不得丈夫最近这一个多月一直加班加点，早出晚归的……顿时，女人的泪决了堤。

人人都向往奢华的生活。因为它能给人最尊荣的享受，让人觉得自己高人一等，成为他人关注的焦点、艳羡的对象。或者更直白地说，人们想要通过奢华的物质来达到更高层次的精神享受。

是啊！一切的一切归结起来，最终的目的还是精神上的享受。然而，所谓的精神享受的真正意义是什么呢？聪明的人应该知道，真正意义上的精神享受不是让他人叹服的虚荣，而是由心而生的快乐感。

而快乐，与金钱无关！有钱的人不一定就是快乐的，贫穷的人不一定就是不快乐的。有钱人有他们的烦恼与愁苦，即使在外人看来他们已经生活在云端；贫穷的人也有他们的快乐与欢笑，即使在外人看来他们总是需要面对太多的苦难。

唯有简单，能让我们全然放松和舒适

在日本的繁华都市有这样一群年轻女孩，她们心地纯洁、天真、不做作，热爱生命，活在当下，珍视并享受生活中点点滴滴的快乐和幸福。她们不虚荣，不追求名牌奢侈品，穿着舒适随意，从不浓妆艳抹，从面容到发型服饰，整体给人一种刚走出大森林那样清新自然的感觉，她们被称作"森林系女孩"，简称"森女"。

这个概念传入国内后，我们的身边也越来越多出现这种淳朴、清新的年轻姑娘，她们成长经历迥异，性格各不相同，却普遍都有着雏菊一样恬然生长的心绪，当她们走过车水马龙的闹市，仿佛给浮躁的人群吹进了一股凉凉的微风。

在家居创意设计行业工作了5年的女孩夏夏，就是一个名副其实的"森女"，其实早在这个称谓在都市中风靡之前，她就已经骑着小小的单车穿过大街小巷，过着简单恬淡的小生活。

打开夏夏的衣橱，没有什么昂贵大牌，也没有皮草华服，只有自然、舒适、返璞归真的棉麻布褂小衫，她不喜欢那些需要机器工业繁复加工的高科技材料，更不喜欢从小动物身上取得的毛皮。虽然工资收入早已超过一般白领，但她不追求名牌，不爱珠宝首饰，也不盲目高消费，每个月收入将近一半都贡献给了一个旨在恢复湿地生态的公益项目上。她有能力买汽车，却坚持每天骑着自行车出行，对她来说，生活的城市虽然不小，但步行或骑车能满足日常需求，低碳环保又能锻炼身体；需要去远处可以坐地铁或搭乘公交，便宜便捷，还可以免受堵车之苦。

夏夏工作的公司提供免费自助工作餐，但她从不会取用过多，以免糟蹋食物。跟朋友们一起出去吃饭，她也总是劝大家少点些菜，不要铺张浪费，如果有没吃完的东西，就打包带走。

夏夏所在的行业竞争激烈，但她不愿意把竞争对手当作"敌人"，更不会带着恶意去与人攀比，能够做出点成绩，照亮这个世界中一个小小的角落就让她感觉心满意足。她乐于助人，就算现在新闻里有那么多关于"碰瓷"的负面报道，事主吃了亏、上了当还要自己承担损失，但遇到身陷困境的人，她还是会忍不住伸出援手。

夏夏是个戴着"有色眼镜"看人的主观主义者，她的"有色眼镜"是彩虹的颜色。在她眼里，没有什么人真正坏到十恶不赦，如果被他人伤害了，她也会哭泣难过，但绝不会让仇恨在自己的心里落地生根，她相信幸福的秘诀不是斤斤计较而是包容宽恕。

有人质疑夏夏这样的女孩是不是在"赶时髦"，怀疑她的随性与淡然是装出来的，夏夏自己不知道怎么去反驳，只是觉得与世无争的"森系生活"更适合自己。

世界很大，摊开双手，掌心却很小。她读书时也曾想过以后要拼搏奋斗，过上呼风唤雨的成功生活，但做着自己不擅长的事，装扮成符合别人喜好的样子，带给她的不是成功的喜悦，反而是沉重的压力。她一度怀疑自己到底是为了什么在生活，一条价值数千的连衣裙，一顿花销好几百的晚饭，小心翼翼选择着与人对话的措辞，为了赢得异性的好感忍着不喜欢踩上高跟鞋，值得吗？可是裙装季季换新，精美的食物吃完了只能饱一餐，在酒肉朋友心中她不过是一个"合作伙伴"，苦心经营的爱情不一定常保新鲜。

夏夏安慰自己说生活其实没有那么复杂，但让她不满足、不快乐的事总是会发生，越是想要得多，越是疲于奔命，越是不快乐。直到她审视自己的生活方式，发现只有从自己内心开始改变，心中放下了，生活才能真的变简单，看世界的眼光不一样了，想要的东西不一样了。从欲望的旋涡里挣脱出来，夏夏成了一个清爽的"森系女孩"，跟随自己的心，过着心满意足的小日子。

为什么要遵从自己的内心？因为除此之外，没有其他方法能让一个人全然放松和舒适，在不伤害他人的前提下选择自己喜欢的生存方式。

　　生活这件事，往复杂了说，惊天动地、海阔天空，真是多少篇幅也讲不完；往简单了说，生下来，便活着，闭上眼睛充分休息，睁开眼睛又是全新的一天，尽量多做自己想做的事情，尽量满足自己的欲求，当欲望不那么巨大，小小的所得就能填满内心的渴望。

　　天堂未必能靠祈祷得来，但地狱一定藏在欲望之中，就像柏拉图说过的那样——决定一个人心情的不是环境，而是他的心境。挫败感、不满足不会管你是不是足够努力了，只要你拼命地想得到，得不到时就必然会受到消极的刺激。因此，总是先有"危楼高百尺"，后有"手可摘星辰"，如果殚精竭虑地建筑摩天大楼让你感觉吃不消，为什么不躺在草地上仰望遥远的星空呢？小草和野花近在咫尺，晶莹的露珠一样值得流连垂青。

　　你想过上"森系"生活吗？也许你的内心中已经有了答案。

人生真正需要的东西其实并不多

　　35岁的木先生是一家公司的客户主管,经常奔波于各大城市之间。那是一个周五,木先生上午抵达昆明,中午约见客户,下午6点的回程机票。本想早点回去能陪陪女儿,谁料飞机晚点,他只得在候机室等待。焦急、愤怒、烦躁,一股脑儿全涌了上来,他起身又坐下,来来回回地走动。

　　旁边座位上的一位老者见木先生如此焦虑,便说:"坐下来等吧,着急也没用。不如欣赏一下这新建的长水机场,再多呼吸一点春城的空气。"木先生笑了笑,开始坐下来和老者闲聊。

　　老者问木先生是不是出差办完了事,准备回程?他点点头。老者说:"看你这么瘦,别太累了,身体重要。"

　　他带着些许无奈说:"不努力怎么行呢?供养着一家老小,生活成本那么高。"

老者笑着说:"养家确实不容易。生活成本高,但很多东西都是我们不需要的。我跟老伴住在天津,房子只有40多平方米,我觉得足够了,再大反倒显得空荡荡的。儿子从南开大学毕业后到英国读书了,前几年刚回国,工作也不错,他买的房子也不过80多平方米,一家三口住,两室两厅够大了。不必要求太高,这些要求给你带不来快乐,只能让你身上的担子更重。"

木先生听着老者讲的那些事,偶尔也会反驳两句,说说自己的处境以及看法。也许是年龄和阅历的缘故,老者显得很随和、很宽容,他说:"等你年纪再大一点,也许就明白什么是真正的生活,什么是人生中最重要的东西了。"木先生理解老者的话,只是不完全认同。毕竟是两代人,生长在不同的环境下。在木先生这代人的观念里,成功和幸福的代表,就是名利双收。

聊着聊着,时间就过去了一个多小时。老者乘坐的航班已经准备登机。临别时,老者的脸上带着慈祥而温暖的微笑,看着木先生说:"等你到60岁的时候,再想想我今天说的话有没有道理吧!"

望着老者远去的背影,木先生心里一阵感慨。回顾自己辛苦打拼的这十几年,一路跌跌撞撞,实属不易,可换来了多少快乐呢?除了一副经常闹毛病的身体,一个点火就着的坏脾气,还有什么?赚2000块钱的时候,还有睡懒觉的工夫,还能跟朋友小聚玩闹;现在拿2万块工资了,却累得每天失眠,像一只烦躁的狮子。曾经为了升职,还单纯地想过可以不要孩子,而现在想起女儿的笑脸,却感觉什么都比不上她。

想到这些的时候,木先生突然有点理解老人的话了。也许体会没有老者那么深刻,但至少他认识到了,生活是一种选择。选择名利富贵,为之付诸一切;选择清淡悠闲,享受简单朴素。但无论哪一种选择,都无法改变一个事实:那些拼命追寻的东西,未必都是真正需要的,就像世人常说的:"家财万贯,一日不过三餐;广厦万间,夜眠不过三尺。"财富永远只是身外之物,差不多就行了,多了只会拖累和妨碍个人的自由。

当年,几位学生怂恿苏格拉底到雅典的集市上逛一逛,说那里很热闹,还有数不清的新鲜东西,保证他去了会满载而归。第二天,学生们围着苏格拉底,非要他说说逛集市有什么收获?苏格拉底说:"我最大的收获,就是发现这个世界上原来有那么多我不需要的东西。"

这是哲学家对生活的思悟,超然物外。据说,苏格拉底一直过着艰苦的日子,只穿一件普通的单衣,经常不穿鞋,对吃饭也不是很讲究,但对于真理的追求却无比狂热,最终奉献了生命。

我们或许不必像苏格拉底这般,但至少也该学会调整下心态,明白生活真正需要的不是豪宅名车,不是奢华炫耀,可能只是陪伴家人吃一顿团圆饭,与爱人和孩子心无隔阂地谈谈心,有一份可以满足温饱的工作，留一份素简而纯善的心，累了的时候卸下所有的压力，安静地看一会儿书，美美地睡上一觉……

一位企业家向自己的名厨朋友讨教做菜的秘诀，朋友只告诉他一个字：盐。很多美食点评家在评判一道菜时，最终往往都归结到"太咸"或"太淡"上。事实上，只要盐放得恰到好处，不需要太多的调料，就能做出好味道。然而，就是这个最基本的调料，却往往被人忽视。

由这件事，这位企业家联想到了人生：金钱、权势、地位、荣耀无非就是其他的调料，添加得多了，反倒让生活多了一份浮华与臃肿，少了点真实和自由。如果撇开那些似锦繁花，只保留必需的盐，却能求得一份干净的真味。也许味道清淡了些，但至少简单透明，没有那些恼人的杂念，也少了大起大落的悲喜。

生活本不苦，苦的是欲望太多；心本不累，累的是放不下的太多。其实，静下心来想一想：有多少东西是你非拥有不可的？有多少目标值得你用生命、用快乐去换取的？斩断那些可有可无的欲望吧，让真实的欲求浮现，这样才能发现真实、平淡的生活是最好的。有了超然的心境，才能成为一个不为物质引诱，不慌不忙、不躁不乱的人，就算外面的世界刮起狂风、下起骤雨，依然能够不急躁、不暴怒，存留一份优雅。

与精致相比，简单更令人活得自由

"人一简单就快乐，一世故就变老。保持一颗年轻的心，做个简单的人，享受阳光和温暖，生活就应当如此。"这句话道出了快乐的哲理：简单能让人知足，知足能让人快乐。

世间的事情原本都是很简单的，只是我们经常人为地把它们复杂化了。有时我们认为事情若不复杂，就不足以显示自己的过人之处，于是慢慢地把它搞得越来越复杂，最后兜兜转转才发现，这原本只是一件很简单的事。

其实，生活没有那么复杂，只是你想得复杂了，内心才会多出些无谓的担忧，无形中把快乐遗忘了。

虽然这个世界不像童话世界那么美好，但也没有那么糟糕，也不意味着我们每个人都必须选择复杂地活着。美国作家丽莎·茵·普兰特说过："当你用一种新的视野观察生活、对待生活时,你会发现许多简单的东西才是最美的,而许多美的东西正是那些简单的事物。"

英国教育家罗素在一次课堂上给学生们出过这样一道数学题目:"1+1=?"。当题目写在黑板上时,坐在底下的高才生们竟然面面相觑,没有一人作答。几分钟过后,还是没有人回答。罗素见状,毫不犹豫地在黑板上的等号后面写上了2。他对学生们说:"1+1=2,这是条真理。面对真理,我们有什么好犹豫和顾忌的呢?"

没错,罗素的一句话点醒了我们,面对这样简单但真实的问题,我们不该犹豫和顾忌。生活简单一些,欲望少一些,自由多一些,过自己的生活,不要与他人攀比,简单就是最好的幸福。

徐曼一直是个追求简单的女人,她崇尚自然,不爱化妆,性格豪爽。一天,完美主义者堂妹徐玲神秘兮兮地告诉她:"姐,我带你去一个地方,让你当一天公主,保证会带给你惊喜。"于是徐玲拉着她进入了一家美容院。

几个小时后,出来的徐曼已经变成了另外一个人。徐玲惊讶地说:"哇,堂姐你经过这么一改造,完全变成大美人啦。你看面部的精致妆容,头上优雅的发髻,身上凸显身材的礼服裙,脚上那充满女人味的高跟鞋。简直是完美啊!现在我们就可以出发了。"

徐曼紧张地跟在徐玲后面走,看着大街上投来的各种目光,羞涩地将头低下，上前挽着徐玲的手一直问："你要干什么？要带我去哪里啊？"徐玲还是很神秘地回答："去了就知道了。"

一进去，徐曼吓了一跳，这是传说中的名流宴会。因为堂妹是一家时尚杂志社的总监，所以经常有这样的机会参加宴会。整个宴会，徐曼感觉很不自在，仿佛与这个圈子格格不入。女人们聊名牌、聊优质男人、聊美容、聊各国旅行……徐曼一句话都难以插上。看着不远处的堂妹正和别人聊得热火朝天，而自己还时不时地担心裙子走光，妆容会不会已经花了，这样活着多累啊，一天都在担心中度过。晚上回家堂妹问她："姐，这种生活很好吧？看，你今天多漂亮啊！"徐曼接过话来说："这种生活还是不适合我。这样让人不安的生活对于我来说实在太累了，我还是喜欢素面朝天，随性地活着。"

徐玲就好比一杯令人心醉的红酒，而堂姐徐曼则是一眼给人清爽的甘泉。两者都是生活中美丽的风景。但与精致相比，简单更令人活得自由。简单并不是不注重形象，并不是懒惰，并不是没有目标，而是一种心灵的简单。简单的女人一样很爱自己，她们会给予自己不可或缺的东西，但她们不会为了一个造型而花费几个小时，这段时间她们可能听音乐、可能做运动，充实自己。她们可能大爱休闲装，爱运动休闲鞋超过高跟鞋。

简单的心情就是让自己过得单纯。心情烦闷时，穿上运动衣裤,来个两千米慢跑,让自己出一身汗,再冲个热水澡;遭遇工作压力时,走到室外,对着蓝天白云,张开双臂,做几次深呼吸,大吼几声……开心了就笑,难过了就哭,没必要遮遮掩掩。人生短暂,干吗给自己的简单情绪贴上复杂的标签呢?其实,越简单越会让人感到快乐。

因此,我们要明白1加1就等于2,千万不要再将身边的任何一件事情复杂化。这时,你的快乐就会不期而至。

我们在社会上打拼,经历了太多的磨炼,内心难免复杂化。然而,世界上没有复杂的事,复杂的只是人心和欲望。尝试以单纯的视角看待事物,你会发现一切事物都是简单的,简单到只需回答"是"或"否"就够了。

再忙也要给身心放个假

社会在迅速发展，同时也给人带来了残酷的竞争。很多人原本希望通过不断努力来换取自己的幸福，实现自己的价值，却不知不觉让自己奔上了人生的高速路，结果把自己搞得身心俱疲。

机器运转久了，也需要休息，何况是人。每个人在紧张忙碌的生活中，都会出现身心疲惫的时候。这个时候，我们需要抽个时间好好地放松一下自己，从那些烦心的杂事中挣脱出来。生命不是一个结果，而是一个过程。只有认真地享受过程，才能加深记忆，活出精彩，没有过程的结果永远都是苍白的。

下班时间越来越晚，无休止地加班，压力越来越大，身体也越来越不适，心情无缘无故地烦躁……一次次的循环让已经疲惫不堪的我们周而复始地运作，机器都会出现故障，何况是血肉之躯的人呢？累了就停下来休息，睡上一觉，或者做点放松身心的事，比如听音乐、做美容、练瑜伽。疲惫状态下不仅不能提高你的效率，反而会拖拽你前进的脚步。这样循环下去，身心健康也会出现问题，最终导致生活、工作一团糟。

唐珊在一家房地产公司任职销售总监，已婚6年，育有两子。她为人上进，工作认真努力，但她最近感觉特别累，属下之间不和，业绩下降，还不停地加班。除了上班忙碌，下班回家后，她还要跑去超市选购生活用品。周末还得去双方的父母家看望老人。

上班被工作所累，回家被家务所累。稍微有一点空闲，父母家的事儿又铺天盖地袭来了。唐珊的婚后生活被工作与家庭琐事挤得满满的，没有任何的空余时间休息。因为每天的高速运转，唐珊的工作与生活开始出现了一系列问题。第一天，唐珊由于工作太忙，在工作中出了几个小差错。第二天又和同事发生了一次不愉快的争执。回到家，唐珊做着那些烦琐的家务，差一点就累得瘫倒在地。此时，老公却在电脑前打游戏，还头也不回地嚷道："赶紧做饭去吧！饿死我了！"唐珊再也忍不住了，扔下手里的东西，与老公吵了起来，结果老公夺门而出，只剩下她瘫坐在地上哭了起来。

那天，唐珊心情很复杂，整整一夜没睡，她想了很多，她觉得应该重新审视自己的生活与工作了。自己不能再这样盲目地忙碌、累了，需要让自己休息，事情是永远做不完的。

不是唐珊脾气不够好，也不是不够宽容。她除了每天在公司遭受工作、人际压力之外，回来还要像个机器独自运转，没有喘气的机会，加上各方面的压力如洪水猛兽般向她袭来。人一旦长时间处于忙碌中，思维会变得迟钝，心情也会变得糟糕，一点小事都会烦躁不已，心情从此就陷入一个恶性循环之中。

每个人都有情绪，但也得学会调节，尤其人在疲惫的时候，情绪更容易爆发。这个时候，你需要放松、休息，才能保证身体与思维一直充满新鲜的养料。

优质生活是一种平衡，该快则快，该慢则慢，没有一成不变的守则。每个人都有权利选择自己的生活步调，选择适合自己的节奏，凡事不必都追求快，只要以恰当的速度去完成就好。在工作之外的，你可以悠闲地做一些自己喜欢做的事，放松自己的身心；慢慢品味家人做好的饭菜，与家人谈谈心，然后在柔软舒适的床上慢慢地进入梦乡，这才是幸福的生活。

不过，很多时候不是我们不想休息，而是将忙碌当成一种习惯，令忙碌成了自然而然的事，想放下，反而成了难事。这个时候需要你强迫自己从忙碌中抽离出来，让自己休息一下。

人想要的东西越来越多了，就会不断地往前赶，殊不知，身体与情绪超负荷了却全然不知。快乐的生活，需要放下得失心。别让自己的生活因一点小得失受到影响，这样反而得不偿失。

不要被浮躁遮掩了一颗平常心

曾有人说:"在浮躁时代,谈心灵是一件奢侈的事。"

金钱、名利、欲望,就像悬吊在空中的球,不停地摇摆,迷惑着人们的心灵和眼睛。真正懂得生活、理解生命、感悟人生的人才会幸福,而在喧嚣尘世之中追随物质的人,在日复一日的奔忙中,虽然生活在物质上得到了极大的满足,但心灵却未能得到真正的升华,反而愈发空虚。

当我们驻足于城市的某个角落,看到的往往都是行色匆匆的脚步,漠然冷峻的面孔,为一点儿小事就能吵得天翻地覆的尴尬。头顶上那片蓝天,路旁盛开的蔷薇,耀眼的霓虹灯光,没有几个人愿意为之停留。在琐碎匆忙的时光里,我们的生活少了许多悠闲、自在和宁静,这些原本纯粹而简单的事物,成了浮躁时代的奢侈品。

心浮躁了，人就会焦虑。哗众取宠、急功近利、随波逐流，变成了生活的基调；价值观的错位，沉淀不下心性做事，好高骛远、脾气暴躁，也纷纷来袭，侵蚀了我们的平常心。殊不知，越是浮躁，越是等不及，越是难以如愿。

小雅家里条件不好，从小饱尝了旁人的冷眼。忘了从什么时候起，她把金钱当成了自我价值的标尺和人生的目标。她自学了会计，在职场摸爬滚打十余年，最终进了一家中等规模的公司，后升职为财务经理。任职期间，她被老板蛊惑，给公司做假账，隐瞒了部分货物的销售收入。靠着做假账拿的外快，她买了车，租了高档公寓，惹得不少人艳羡。她觉得好日子才刚开始，却没料到一切都已结束。耍小聪明、走捷径，踩着法律和道德的底线走，最终得不偿失，悔恨一生。

小美长得漂亮，脑子机灵，但虚荣心比较强。男友爱她，也就在力所能及的范围内满足她的需求。交往几年，两人把结婚提上了日程。为了给她一个安稳的家，男方付全款买了房。在这个高房价的时代，能够不用当房奴就住上宽敞明亮的房子，着实满足了她那份强烈的虚荣心。一时间，她成了同事、朋友、亲戚眼中的幸福女人，一切只因她嫁得好。

可是，临近婚期的时候，她却生出了事端，非要男方家买一辆30万元的车。男友跟她商量，说希望能够把条件放低一点，买个十万左右的车。她不同意，非说买不起想要的车就不结婚。她倒并非只看重物质而不爱男友，只因不久前她那位样貌才学都很普通的表姐，嫁了一位有钱的帅哥，生活品质一下子就变了，这让她心里很不舒服。在男友面前，她也没多想，一股脑儿就把自己的想法说了出来。

男友夺门而去。这一走，他们之间的感情也彻底断了。男友一周后打电话给她说："我想重新考虑一下自己的婚姻。每个人都有虚荣心，可凡事得有度，物质不是一切，很多东西是钱买不来的。我不是你那位有钱的表姐夫，也满足不了你的虚荣，我还是愿意找一个淡然点儿的女人，跟我过一辈子，所以……"相恋四年，所有的青春、所有的美好，全部在虚荣的旋涡里丧失了。

小七脾气暴躁，动不动就与人争执。公交车上，谁不小心踩了她一下，就要忍受她一路的唠叨。哪怕对方开口道歉，也得不到原谅。单看外表，她的穿着打扮也算优雅有品位，可私底下，同事们都说她是金玉其外，败絮其中。她何尝不知道暴怒易伤身，又何尝不想做一个性情温和的人，可一遇到事的时候，就控制不住自己的情绪了。几次下定决心要改改这浮躁的毛病，可心里就像是有一团莫名的火，稍有点风吹草动，就会烧起来。

不愿意脚踏实地地生活，希冀着奇迹能在顷刻间出现；注重浮夸的表象，追求虚假的荣耀，忽略了纯粹而真挚的感情，错失了生命里最珍贵的东西；内心修炼不够，动不动就与人争吵，言行上一点儿亏都不肯吃，锱铢必较……说到底，都是因为心浮气躁。当欲望、虚荣、愤怒、狭隘统统占据了心灵，幸福就无处安放了。

浮躁的时代，我们需要一颗淡定的心。你看，那些气质优雅、不愠不火的人，心灵深处无不都蕴藏着一股清泉，随时提醒自己，熄灭欲望与愤怒的火焰，保持一份清凉。他们不是看不懂世间的是是非非，只是知而不随，能够按捺住自己骚动的心，守住默默无闻时的平淡与孤独。

要戒掉浮躁，先要放下攀比，当自己与他人之间的情况全然不同，差距太大时，不要逞强比较，那不过是在折磨自己。没有可比性的比较，只会让自己心理失衡，情绪失控，无所适从。放下了攀比，也就不会成为欲望和虚荣的傀儡。

此外，在生活的细节上，也要尽量保持一颗平静的心。说话的声音放得低一些，语速放慢一点，不急不躁，笑靥如花，由内至外散发出祥和宁静的气息。这样的人，无论岁月如何变迁，总会令人另眼相待；而他们那份能与岁月、与他人、与自己和平共处的姿态，也注定会让魅力与幸福一生相随。

活得快乐的人，想要的都很简单

总有一些女孩天生与众不同。

去丽江旅游，途中认识了一个名叫小米的女孩。女孩是厦门大学大二的学生。女孩个子高高的，皮肤白皙，梳着马尾辫，看上去朝气蓬勃。

她说，她的梦想是周游世界。她打算先从国内开始。于是18岁那年，她带上暑期打工挣来的钱，去了"山水甲天下"的桂林。开始，父母强烈反对，担心一个女孩子单独出行不安全。但几年下来，爸爸妈妈已经习惯了她的远行。

我问她，只用暑期打工挣来的钱，够你旅行的开销吗？

她说，钱当然是很紧张的，我纯属穷游。我不想伸手向父母要，因为旅行是我个人的事。我自己的事我自己来处理。只要我能保护好自己，安全回到他们身边，就是对他们最好的交代。至于旅行中遇到的一切问题，我必须学会自己去面对、去解决。我不能因为自己的爱好而增加父母的负担。

我又问，为什么不等大学毕业，有了工作，经济稳定后，利用休假的时间再去旅行呢？这不比现在穷游更好吗？

小米笑嘻嘻地说，姐姐，有钱是可以更好地享受，能给旅行提供诸多方便，但对我而言，旅行是一种修行，可以让人认识另一个自己。我在旅行中变得更加自信，学会了独立，学会了与人相处，眼界更加开阔。这些都不是金钱能够买来的。很多事情，也许只有在年轻的时候才有勇气和胆量去做。青春很短暂，我担心再不疯狂就老了……

小米的话，让我听得很激动。我不得不承认，我是太没有冲劲儿了啊！

是的，再不疯狂就真的老了。彼时青春年少，受三毛的影响很深，发誓将来也要像她一样做个背包客，走遍天涯海角。但当年只是想想，却不敢有小米这样说走就走的勇气。如今，虽然偶尔也出去旅行，但无论是体力还是心态，早已经不复当年了。

我们总是习惯对自己说，等有钱了就怎样怎样，等我有时间了就怎样怎样……可是，当等到有钱的时候，却发现没有时间了；等有时间的时候，很多事都已经时过境迁了。没有什么人什么事会一成不变、一如既往地在原地等你的。所以，趁还年轻，想做就去做吧,比如来一场说走就走的旅行,或者来一次华丽的冒险,因为这是年轻的专利。

小米想要的很简单,其实任何纯粹的、快乐的人,想要的都很简单。

单位里,有个女孩,特别让人欣赏和喜爱。有一天,她来上班的时候,手里提着一个非常有特色的包包。包包的图案富有异域风情。大家问她是从哪里买的。

她傲娇地告诉大家,这是她自己的作品,原创的。原来她对包包一直情有独钟,而那些名包不是什么人都买得起的。即使买得起,也未必适合自己。于是,她就自己动手,制作了专属于自己的包包。她说,满大街找不到一个包包和她的一样的,她很有成就感和满足感。

是的,有时候做一件事,不需要花什么钱,就能让自己无比满足。

我相信,每个女孩都希望自己与众不同,但与众不同不应该仅仅表现在表面上,比如标新立异的装扮,一些无厘头的语言或者通过做一些过激的举动来求关注。真正与众不同的女孩应该是,有成熟的思想,有执着的追求,做事有自己的原则,敢于坚持自己;不模仿不攀比,气质独特,生活追求品位,有独特的个人见解,敢走一条别人不敢走的路。

我们还可以通过运动健身、休闲时尚来张扬我们的春青，可以通过大方得体的衣着、优雅脱俗的举止来提升自己的魅力，可以用满腹诗书来滋养我们的心灵，用真诚和友善来驱散生活的忧伤。

其实，每个女孩都是一朵与众不同的花，都具备一些与众不同的特点，只是有的女孩在成长过程中，把自己许多优秀的特质给丢了。有时候她们为了迎合世俗，为了取悦或者试图成为某个人，而把真实的、独特的自己隐藏了起来，逐渐就"泯然众人矣"！这世上，每个女孩都是独一无二的，选择做自己是非常重要的事。你无须成为任何人，做你最优秀的自己，比做任何人的复制品都来得好。

所以，人要释放自己，取悦自己，活出与众不同的自己。

青春非常短暂，稍纵即逝。平庸也是一生，不凡也是一生，人有什么样的选择就走什么样的路。想要自己的人生与众不同，那么就要自己创造条件改变自己，取悦自己，让自己活得精彩。

有时候，平庸与独特往往只是一步之遥。女孩可以不够美丽，但必须独具特色。放眼望去，这个世界里真正富有魅力的女人，往往都是那些尽管不十分美丽，却懂得取悦自己、勇于做最简单的自己的女子，这难道不引人深思吗？

倾你所有，按自己的意愿去生活

有个女孩，大学毕业一年了，依然待业在家。有一天，家里来了客人，女孩的母亲就自然而然和客人聊起了家常。当听说对方的孩子大学刚毕业，就找到了一份好工作，女孩的母亲羡慕得不得了。她说，如果我的女儿能有你孩子一半能干和懂事，我就不需要操那么多心了。

谁知道，两人的谈话被待在自己房间里的女孩听到了。她气急败坏地跑出来，对着自己的母亲大吼："你说够了吗？我的脸都给你说没了！难道是我不努力找工作吗？我尽力了，就是找不到我喜欢的工作，好吗！"

自此，母女俩的关系出现严重裂痕，矛盾不断激化。一天一小吵，三天一大闹。简直到了水火不相容的地步。母亲没办法，只好找到某电视台的调解节目帮忙。

母亲指责女儿不懂事、任性，伤透了她的心。她和女孩的父亲早离婚了，一个人含辛茹苦把女儿养大，然后千辛万苦供她上完大学。原以为女儿大学毕业，就有出息了。但没想到，女儿大学毕业后至今，没找到一份像样的工作，一直待在家里啃老。

女儿也指责母亲霸道，从小对她严厉管教。就连她上大学的专业，都是妈妈替她选的，说那是热门专业，将来好找工作。从小，她就不能有自己的主见，一切都要听妈妈的。大学毕业后，她没有按照自己的专业去找工作，因为她压根就不喜欢这个专业，而是应聘到某企业做了自己喜欢的销售员工作。

母亲一听说女儿居然去干销售员，气不打一处来，逼着她辞职，要她重新去找体面的工作。女儿不同意，母亲就到她单位去闹。没办法，她只好离开了那个单位。

后来，她又陆陆续续找了几份工作，都因为母亲不满意而作罢了。她四处投了几份简历，也是石沉大海。最后，她一怒之下，不再出去找工作，只把自己关在房间里。作息时间全部混乱，白天睡觉，晚上则像夜猫子似的，清醒得很，玩电脑。她不和母亲交流，不吃饭，饿的时候用零食喂饱自己。垃圾食品吃得太多了，她的身体也变得虚胖起来。妈妈拿她一点办法都没有。

看到这里，我们就基本清楚了。一个强势的母亲和一个软弱的女儿的战斗，没有赢家，只有受伤的两个人。后经调解和开导，母女俩都意识到自身的错误，表示都要改变。

生活中，我们会看到这样懦弱的、没有主见的女孩。我们当然可以说，这样的性格与她们的个性及生活环境有很大关系，但是缺乏勇气毕竟需要纠正。

这不禁让我又想起另一个女孩。同样遭遇强势的家长，但因为她有足够的勇气，坚决依心而行，随心而动，终于走出了专属自己的人生之路。

厦门有一家不太大的美容美体店，店的主人是一位名叫冬冬的女孩。女孩出身军旅之家，她有一个学识渊博却很强势的父亲。父亲从小望女成凤，他设计了要让女儿成才的路。但女儿自小生性顽皮、聪明，有主见。她不肯按照父亲为他设计好的路走，而是选择遵循自己的意愿，报读了自己兴趣浓厚的大学及专业。

毕业后，父亲又想给她找一份好工作，她又拒绝了。父亲一气之下威胁她要脱离父女关系，女孩深知自己的人生需自己掌握，然后直奔厦门，就职于某企业。两年后，她又辞职，赴上海一家化妆品机构学习美容美体。又过了两年，她回到厦门，开始了美容美体职业生涯。创业初期，她吃尽了苦头。但凭借自己的一股闯劲、狠劲，还有对事业的执着和以诚待人，应该说取得了不错的成绩。

如今的冬冬，不仅事业有成，也收获了自己的爱情，还和父母生活在一起，关系特别融洽。她因为坚守自己的意愿，终于过上了自己想要的生活。

其实，很多时候，你不努力，真的不知道自己有多么优秀。当我们做事不成功的时候，不要给自己找借口下台阶，认为是别人挡了自己前进的道路。比如第一个女孩，她怪母亲从中作梗，扰乱了她的人生方向。但如果她足够独立，有勇气，真的做到依心而行，完全有机会证明自己的选择是正确的，让母亲为自己放心，更为自己骄傲。她不该赌气地自暴自弃，和母亲对抗。这根本不能解决任何问题，只会让问题不断恶化，矛盾加深。

冬冬的确是聪明的女孩。她知道父亲是为了她着想，怕她吃苦，所以才阻止她去外面闯荡的。但她更明白，如果按照父亲给自己选择的路走，而自己的青春不能自己做主，不能说将来一定会后悔，但至少会感到遗憾的，因为这不是自己选择的路。在一些时候，你要"无视"身边的人"为你着想"，然后依心而行，随心而动，这样才能得到你最想要的。

青春飞扬，哪个女孩没有自己的梦想。但现实遭遇的种种事，会让一个人放弃梦想，使得梦想渐行渐远，最后变成了遥不可及的奢望。其实，你放弃梦想，梦想也会抛弃你。只有那些不辞辛劳、为梦想努力奋斗、越过艰难险阻的人，才能到达梦想彼岸。

无论你是谁，无论你正经历着什么，只要肯为梦想而坚持，有一天你会发现所有吃过的苦都是值得的。谁的青春不曾颠沛流离？谁的青春不曾有过伤痕和泪水？这是成长的必经之路，走过去，你会看到不一样的风景，会发现一个不一样的自己。你还要保有一颗健康的、积极向上的心。有这样的一颗心陪伴，你不会迷失了自己。

累了苦了摔倒了，可以哭，但要记得：在哪里摔倒，就在哪里重新爬起来，擦干眼泪继续微笑前行。人生在世，往往会受到这样或那样的伤害。对坚强的人来说，累累伤痕都是生命赐予的最好礼物，微笑着去面对是一种豁达。要相信，你的微笑就像阳光一样，可以驱散头顶笼罩的乌云。学会珍惜生活给予你的一切，好的坏的，都能坦然地、淡然地面对，这样的你，怎会走不出自己的一片天地呢？

青春是你自己的，未来也是你自己的，自己的路总归要自己走。别怕反对的声音，只要你走通了、走对了，那些曾经反对你的人，会对你刮目相看的。哪怕走错了，也没关系，年轻的时候谁没走错几步？因为年轻，你还可以重来，还可以修正自己。与其未来留遗憾，不如潇洒走一回。

所以，趁还年轻，为梦想做主吧！现在就要依心而行，随心而动！要知道，没有比这更好地取悦自己、取悦人生的方式了！

别活在未来，享受生活从今天开始

一位女士，总是迫不及待地"奔向未来"：同事约她周末逛街，她马上会制订一个逛街计划，甚至想好几点在哪里吃什么；朋友约她看电影，最后一个镜头还没结束，她就已经起身准备离开，回去的路上开始计划着明天的安排。她的生活，从来都不是生活在此时此地，而是在未来的某一刻。

世间多少女子，都在重复着这样的生活方式。20岁之前，活在父母的期望下，背负着学业的压力，总想着有一天振翅高飞，拥有自己的天空。20岁之后，离开了父母的庇佑，撑起自己的世界，体会到了活着的艰辛。恋爱了，结婚了，开始为事业、为生活打拼，想象着小有成就、有房有车的幸福。人到中年，该有的东西都得到得差不多了，却又开始感叹青春的流逝，觉得有太多遗憾，似乎有什么事还没有完成。

究竟丢了什么呢？仔细一想：活了几十年，从未真正地善待过自己，享受过生活。眼睛一直盯着未来，心里想的全是以后，全然不知，每个"今天"都是人生里最特别的日子。

22岁那年，安云跟着男友一起从老家来到深圳。人生地不熟，没有一个安身之处，幸好有同乡的帮忙，他们才暂时有了一个栖息地——农户的出租房。安定下来后，自然就要谋寻出路了。

几经周折，安云找到了房产业务的工作，男友也找到了一份不错的差事。很快，男友就向安云求婚了。不过，安云没答应，在这个偌大的城市里，她太缺乏安全感了，她的理由是："我们现在什么都没有，刚刚能够养活自己，结婚要花钱，以后养孩子要花钱，等你在这个城市站稳脚跟再说吧！"男友理解安云，没再多说，开始更卖命地工作。

第二年，他的工作有了很大的起色，而安云的工资也从开始的2000元逐渐稳定在每月4000元左右。老板很赏识这个勤学肯干的女孩，有意提拔她做主管。男友再次提出结婚，安云又犹豫了，说希望有了房子再结婚，况且现在有提升的机会，自己也不想因为结婚的事而耽误。这一次，男友依然答应了她，表示愿意再等。

第三年，男友凑了首付，买下了一套房子。可是，成为有房一族的喜悦没持续多久，安云就郁郁寡欢了，想起每个月要还房贷，她心里就像压了一块石头。她害怕自己失业，也害怕男友的工作出现意外，非说再攒点钱，等有点多余的钱了再考虑结婚。

两人每天拼命地工作，生活上也很节俭，甚至想不起多久没有去电影院看过一场电影了，更别提一起出去旅游，浪漫一下。男友以前有抽烟的嗜好，偶尔也爱跟朋友喝点小酒，可自打心里装进了"早点还清贷款"这块石头，他索性把烟酒全戒了。

几年之后，安云和男友都已经到了而立之年。男友已经褪去了当年那副青涩的模样，俨然被生活磨砺成一个有所作为的青年。此时，他已经还清了贷款，也买了一辆车。安云觉得，他们是时候结婚了。可她没想到，男友却提出了分手。安云得知后，精神彻底崩溃，她向男友哭诉："我节衣缩食这么多年，不舍得买件衣服，不舍得买化妆品，一心都是为了咱们的将来，我有什么错呢？为什么要这样对我？"

男友的回答倒也干脆："相处这么多年，我实在太累了。你从来不满足于眼前，就算我们现在结了婚，以后的日子也一样还会很辛苦。你要的那种幸福，我永远都给不起。我想要的生活，是一边享受现在，一边计划未来，而不是变成一个赚钱的机器，生活的奴隶。"

细数一下，人生有多少个十年？世间许多事都是无法预料的，能把握的只有现在。天天忙碌，日日辛苦，憧憬着多年后的生活，把想要的东西一点点地往后移,直到有一天,真的想要去享受了,却发现时间不等人,许多事已经来不及了,这才是人生最大的遗憾和悲哀。

　　享受生活,不一定需要多少物质作为支撑,更不需要等到未来的某个时候。女作家毕淑敏写过一篇文章,名为《女人什么时候开始享受》,里面有这样一段触动人心的话:"我们所说的享受,不是一掷千金的挥霍,不是灯红酒绿的奢侈,不是喝三吆四的排场,不是颐指气使的骄横……我们所说的享受,不是珠光宝气的华贵,不是绫罗绸缎的柔美,不是周游列国的潇洒,不是管弦丝竹的飘逸……只不过是在厨房里,单独为自己做一样爱吃的;在商场里,专门为自己买一件心爱的礼物;在公园里,和儿时的好朋友无拘无束地聊聊天,不用频频地看表,顾忌家人的晚饭和晾出去还未收回的衣衫;在剧院里,看一出自己喜欢的喜剧或电影,不必惦念任何人的阴晴冷暖……"

　　每个人都拥有享受生活的权利,都有可以享受的美好。只可惜,这份最平常、最基本的生活乐趣,已经被越来越多的人在追求物欲中遗忘了。吴淡如说过:"当我发现一个人的我依然会微笑时,我才开始领会,生活是如此美妙的礼物。喝一杯咖啡是享受,看一本书是享受,无事可做也是享受,生活本身就是享受,生命中的琐碎时光都是享受。"

给自己留一点享受生活的时间与空间吧！从今天开始，从现在开始！不要只想着为了房子车子苦苦奋斗多少年，不要再把所有的精力投入到工作上，多爱自己一点，抽点时间逛逛街，看看喜欢的书，把活着的每一天都当成最珍贵的礼物，随时而乐，幸福就不再是遥望的海市蜃楼。

内心澄澈的人,不受尘世喧嚣困扰

心如一潭浑水,事必不能理顺。心里想要的东西太多,方向太多,反而会迷茫;目标单一,心思单纯澄澈,反而容易在一条窄路上走得很远。保持内心的澄澈与清醒,适时观察自己的处境与状态,找准自己的定位与方向,做人做事才能灵动起来。

苏力在朋友担任老总的公司里供职,为了朋友的信任和自身价值的实现,兢兢业业、任劳任怨,在几次大的业务活动中表现出色,深受老总赏识。但是随着公司的规模越来越大,他和老总在关于公司企划问题的处理上看法不一,甚至分歧很大。苏力不愿因为彼此的意见不合而伤了他们多年来的友情,也不愿违背自己的意愿做事。他向别人诉说,那段日子他像钻进了一个没有门的围城,很困惑,他不停地问自己该怎么办。

他的另一个朋友给他讲了琴手谭盾的故事:谭盾初到美国时,

只能靠在街头卖艺生存,那时有一个最赚钱的地盘——一家银行的门口。和谭盾一起拉琴的还有一个黑人琴手,他们配合得很好。后来谭盾用卖艺的钱进入大学进修,十年后,谭盾已是一位国际知名的音乐家了。一次他发现那位黑人琴手还在那家银行门前拉琴,就过去问候。那位黑人琴手开口便说:"嘿!伙计!你现在在哪个最赚钱的地盘拉琴?"

故事告诉人们:人,必须懂得及时抽身,离开那些看似最赚钱却不能再进步的地方;人必须鼓起勇气,不断学习,才能开创出人生的另一座高峰。

很多人不愿意放弃自己所拥有的东西,虽然这些东西给你带来过快乐,但是它就像手中的沙子,你越想把它抓紧,它就越是从你的指缝中溜走。其实放弃也是一种智慧,它能让你更加快乐。

有位留美的计算机博士毕业后在美国找工作,结果好多家公司都不录用他。思来想去,他决定收起所有的学位证书,以一种"最低身份"去求职。

不久,一家公司录用他为程序输入员。这实在是大材小用,但他仍干得一丝不苟。不久,老板发现他能看出程序中的错误,非一般的程序输入员可比。这时,他亮出学士证,老板给了他一个与大学毕业生相称的工作。

过了一段时间,老板发现他时常能提出许多独到的有价值的建议，远比一般大学生高明。这时他亮出了硕士证。老板又提升了他。

再过一段时间，老板觉得他的能力还是高人一筹。经了解，才知他是博士。这时，老板对他的水平已有了全面认识，毫不犹豫地重用了他。

在协调两种期待的策略上，那位留美博士的反序安排，给人的启迪意味深长。

人们在尘世的喧嚣中日复一日地进行着各自的奔波劳碌，像蜜蜂般振动着生活的羽翅，难免会有种种不安。只要平静地对待取舍，放弃应该放弃的，轻松地放飞自己的心灵，用一种乐观的情绪观察周围的一切，就会发现，其实，置身于尘世的喧嚣并不可怕，可怕的是过于沉重地审视尘世的喧嚣，而使自己的心境躁动着喧嚣。

第二章

在这复杂世界里，
做一个通透的人

做一个平和的人，幸运也会随之而来

经常看红毯上女明星的亮相之争，每位女明星都使出了浑身解数，打扮得美美的站在聚光灯下。一旦成为焦点，更容易获得关注。而这似乎也代表了一些女人的观点，就是想出众、夺人眼球，仿佛如此这般，才能得到满足。

想要受到关注，这种心态并没有错。人各有志，正如有的女人认为在沙滩上穿泳衣就是为了博人眼球。个人心态不同，选择方式也会有所不同。

也有一些女人，她们不喜欢争抢，不喜欢出风头。她们会默默地用平和的姿态穿越喧嚣的人群，就如一朵静静的茉莉花般盛开。她们不会为买不起名牌而苦恼，也不会为宴会上无法成为亮点而纠结，她们只是本分地做好自己的事情，云淡风轻地看着他人争相出风头。她们心境平和，反而不会让人轻易忽视。这样的女人，不经意的一个微笑，都能令人感受到她独特的气质。这样的女人，始终是值得尊重的。

果姐刚进公司时，并不引人注目。她默默地做着自己分内的事，不大肆宣扬，也不居功自傲。

女同事们在一起，经常会谈论男人、服饰、化妆品等，果姐就在一旁静静地听，不多发表言论。这些话题，她似乎并不太感兴趣。有女同事会因为买不起一件晚礼服而郁闷，而果姐从来不为这样的事情担心。然而就是这份宠辱不惊，爱攀比的女同事们并不敢拿她开玩笑。

公司董事长要从内部选出一名女助理，这是个难得的升迁机会。女同事们开始跃跃欲试，尤其是长相美貌的，更是想要在这次竞选中胜出。于是，私下的拉票和拉拢开始默默展开，女人们之间上演着一场没有硝烟的战争。

果姐似乎对于这一切并不在意，也没有参与。如果不是主管要求每位女士都参加，她甚至不想参与。

果姐依旧如往常一样，做着自己分内的事。对于有同事私下希望她投票，她并不答应，也不拒绝，就那么一笑了之。自然，她的这种态度，加上平日的行为，没有人将她列为竞争对手。她避免了这场争夺，也避免了很多矛盾。

竞选那天，女同事们使出浑身解数推销自己，展示个人魅力。

轮到果姐的时候,她只是不卑不亢地将日常工作程序讲了出来,并对助理的工作岗位发表了自己的一些看法。她这种并不哗众取宠的态度,让人感觉十分舒服。

竞选结果出来了,果姐意外地获得了助理的职位。刚开始的时候,众人都对此有异议,认为平时看她不起眼,这次能够脱颖而出,背后一定使了什么手段。

果姐当然对自己入选十分意外,但她很快调整心态去面对,对于一些流传的风言风语也不加理会,只是本分地做好工作。

她这种宠辱不惊的心态,反而令一些对她颇有微词的人感到意外。她上任之后,并没有利用自己的权力吃三喝四,也没有摆架子。跟同事相处,她仍旧保持一颗平常心。她的穿着打扮依旧简单大方,一切都没有因为地位改变而改变。

渐渐地,关于果姐的流言没有了,而她的工作能力,处事宽容的态度,使得她赢得了众人的赞许。

有些女人愿意做花园里的玫瑰,成为百花翘首的对象,而有些女人则选择做不起眼的花草。不愿意出风头、不愿意与人相争,这样的女人是聪明的,她们懂得如何避开风头,使得自己的处境更加安全。正如人们所知道的,不要忽视了一棵小草的力量。纵使不起眼,但因为其不与百花相争,反而使得自己更加安全。用一种乐观的心态生活,这比什么都重要。

身边的人都说果姐是个乐观向上、宠辱不惊的人。每当听到这样的评价，她总是淡淡一笑，并不多说什么。而这种处世态度反而使得人们更喜欢她，喜欢她的淡定和不卑不亢。她纵然不是公司里最出色的人，但同事们都爱与她相处。她朋友很多，这跟她的个人魅力有很大关系。

但谁也不知道，果姐曾因为爱出风头而摔过跟头。上大学期间，她盛气凌人，希望脱颖而出。只要有能够展现自我能力的事情，她不论自己是否有能力，都竭力参加。而这种高调的做人态度，使得青睐她的男孩子望而却步，使得周围的同学对她指指点点。

果姐当时对此并不在乎，认为展示自我、独占鳌头才是最重要的事情。毕业之后的她走上了工作岗位，在职场中更是延续了大学时代高调的作风。做事邀功，居功自傲，这些都在她身上出现过。

直到同事们开始不理睬她，对手打压她，上司开始反感她，直到她不得不从公司辞职。这一切的打击都让她倍感困惑。

之后她深刻反思、汲取教训，从此就像变了个人一样，开始用一种平和的心态生活，不再因为表面的光华与人相争。这样一来，原本以为自己会平凡得不起眼，甚至被人海淹没，但让她意外的是，身边的朋友竟然多了起来，人们对她温和了很多，热情了很多。

原来，做一个平和的人，反而会收获更多的东西，她获益良多。

为人不争，才是生活的智者。平和的心态，宠辱不惊的处事态度，不卑不亢的做人原则，都足以令一个人魅力十足。不与百花争艳，笑看寒风乍起是一种态度，更是一种气度。这种气度足以令一个人更加淡定、从容、优雅。平凡的人往往容易创造不平凡的事迹，很多幸运并非是争夺而来。实际上，当一个人拥有了平和的心态之后，幸运也会随之而来。

等你拥有了,你还会想要更多

置身于万花筒般的生活中,站在繁华的都市巷口,负荷太重,诱惑太多。多少不甘平淡的人,盯着浮华世界里的功名利禄,拼命地追赶那些想要的东西,直到感到筋疲力尽、身心俱伤,才迫不得已停下来。回顾过往,蓦然发现,得到的东西很多,失去的东西更多。

也许,在最初的时候,很多人的内心不过是有这样一个念头:"等我拥有了……等我实现了……我就幸福了。"他们全然忘了,这根本是站在这山望着那山高,等到真的拥有了、实现了,那山就变成了这山,心若不懂得满足,目光就还会望向更远、更高的山。

欲望的尽头是什么?哲人说,还是欲望。欲望萌芽的时候,是很小、很卑微而且合乎实际的,但它就像一粒暗藏于心里的酵母,在灌满虚荣和贪婪的酱缸里,慢慢地发酵,一点点地膨胀,直到撑破心灵,将生活毁灭于无形中。

一位男士总感觉日子过得太沉重,不管自己怎么努力,都赶不上别人的脚步,甚至连自己的小小要求都无法得到满足。恰逢"十一"假期,一个朋友约他一起旅行。一路上,他根本没心思游山玩水,欣赏美景,而是絮絮叨叨地抱怨自己的生活不如意,就像是憋闷了很久之后,终于找到了倾诉的方式。

同行的朋友没给他任何安慰的话,而是从包里拿出一个布袋,让他一路走一路捡石头放进去,看看有什么感觉。他不知道朋友用意何在,起初不乐意地推托着,觉得朋友实属无聊。朋友却说,不过是做一个测试罢了,他才照做。

走了近两个小时的路,布袋里几乎装满了石头,他也累得手臂酸疼。朋友说:"现在你知道为什么觉得活得累了吧?因为你对生活的欲望太多了,要求太高,总去捡一些可有可无的东西,加重了承受的能力。欲望难以填平,生活就不可能轻松。我们来到世上时,身上都背着一个空口袋。人这一辈子,不管是争取还是努力,都是不断地往自己的口袋里放东西的过程。有了第一块还想要第二块,越放越多,越来越沉,自讨苦吃。"

人的欲望,从来没有满足的时候。为了填平这个无底洞,有些人牺牲了太多,也错失了太多,到头来还是尘归尘,土归土,一切都归了岁月。

究竟怎样的生活才算得上美好？也许，就像屠格涅夫说的那样："人生的最美，就是一边走，一边捡散落在路边的花朵，那么一生将美丽而芬芳。"如何做到这样沿途走、沿途捡起花朵？那就是要学会知足，无论前方是平坦的大路，还是泥泞不堪的窄道，都能安心地享受眼前的生活，带着一颗无贪、无怨的心，走好人生的每一段路程。

所以，不要为了没有的东西生气动怒、怨天尤人，也不要为了失去的东西感慨万千、痛哭流涕，因为你永远不知道未来会怎样？换句话说，那些你未曾得到或是已经失去的，本就不属于你，用不着耿耿于怀。无论现状如何糟糕，只要心是明朗的，就总会找到出路。换一种心态，积极地过好今天，对此刻拥有的感到知足，生活就会朝着好的方向发展。

有一对夫妻，婚后生活甜蜜如糖，还生了一个漂亮的女儿。周围的亲戚朋友都挺羡慕他们，可妻子总觉得自己的家庭与豪门望族差得太远。她三番五次地敲打丈夫，说他不够上进。最后，丈夫告别了妻儿老小，终年奔波在外，努力赚钱。

年深日久，虽然丈夫寄回来的钱越来越多，可妻子却觉得家里冷冷清清的，感受不到幸福。女儿长大了，也对爸爸很陌生。

终于有一天，丈夫回来了，衣衫不整、垂头丧气。这些年，受妻子的影响，他也变得喜欢摆阔，这种张扬的姿态最终给他招来了麻烦，在运送东西的途中，遭遇匪霸，被洗劫一空。

看到丈夫落魄的样子，她后悔万分，也什么都明白了。丈夫像孩子一样扑进她的怀里，泣不成声地说："全完了，心血都被榨尽了……"她怜惜地看着丈夫，用手轻抚着他的头发，脸上露出了少有过的微笑，说道："没事。人回来了，咱们的日子就有盼头。"

一个月后，警察破了案。只是财产没有追回来。这时的妻子表现得很平静，她说只要家里的人一起努力，生活还会好起来的。此后，他们过着不奢华的日子，可是爱充盈着他们的心房，他们也终于在彻底失去后，懂得了生活的真谛。

过分追逐物质，人就会丧失理智，感情淡漠，不易快乐。生活需要舒适，可这份舒适不仅仅是物质上的充裕，还有心灵上的满足。相比外物，知足才是无价之宝。上天偶尔会设置一个圈套，愚蠢的人会为了欲望奋不顾身地往里跳，而淡定的人会控制自己的冲动，摆脱尘世的俗欲，获得心灵的宁静。这不是从此退出人生的舞台，而是以平和的心态来面对尘世间的林林总总。

拔掉嫉妒那根刺，用淡定修补心灵

看到昔日与自己在同一起跑线上的朋友过上了锦衣玉食的生活，而自己还在风雨中打拼时，不少人都难以淡定，在微笑着祝福之余，略微会觉得有些心酸。感慨之后，不免拿自己跟对方作比较，但越是比较，心理越是不平衡，空落一声叹息。

心理学家称，如果一个人看到别人比自己强时，就会产生一种包含着憎恶与羡慕、愤怒与怨恨、猜嫌与失望、屈辱与虚荣以及伤心与悲痛的复杂情感，那就是嫉妒。

看到别人的荣光和幸福，却毁掉了自己的心情，想想又何必呢？你不是别人，又怎么可能真正明白别人的心情和感受，以及是否真的如表面看起来那般幸福呢？况且，你又怎知别人经历了怎样的艰难，才换来今天的成就？

一个人在经济上不能容忍别人比自己吃、穿、用方面高档，在工作中不能容忍同事比自己能力强……每天就盯着别人的日子过活，让自己心理失衡，失去理智，谁能够受得了？他的这把狭隘之火，迟早会烧掉自己的未来。

都说男人像酒，年纪越大越有味道。对此，岑菲菲深信不疑。她的老公很优秀，还经营着一家大公司，身边围绕着不少女孩，这也让岑菲菲十分忧虑。

每天，岑菲菲总要偷偷查看老公的通话记录。做生意的男人，应酬是难免的，经常会有晚回来的时候，每次遇到这样的事，岑菲菲就连打数次电话，探探老公在做什么。不过，岑菲菲从来没发现老公有出轨的迹象。

年初，丈夫的公司来了几个新人，其中有个女孩叫语嫣，高挑漂亮，能力出众。她是研究生毕业，人也很聪明，说话办事得到了大家一致的认可。很快，她就被提升为总经理的秘书。岑菲菲觉得，语嫣肯定有"阴谋"。

有一次，岑菲菲到公司给老公送文件，碰巧看到老公和语嫣在办公室里有说有笑，其实他们是在谈论工作，可岑菲菲的嫉妒心却让她失去了理智。她不顾一切地冲过去，狠狠地推开语嫣，幸好老公及时拉住了她，才阻止了一场闹剧。要不然，就算真的什么事都没有，在公司里大吵大闹，也难以说清楚。

可从那次开始，岑菲菲对老公监视得更紧密了。只要一看到语嫣，一想到语嫣，她就浑身不自在，总觉得她是贪图富贵的女孩，想拆散她的家庭。起初，老公还跟她解释，可岑菲菲怎么都听不进去，非要老公立刻开除语嫣。老公不同意，说语嫣的确是个人才，可岑菲菲又哭又闹，弄得老公很为难。

他不知道，岑菲菲什么时候才能收敛下她的嫉妒心，现在他下班后很不愿意回家，只要一回家，岑菲菲就会跟他冷嘲热讽地说语嫣，让他特别烦躁。后来，语嫣主动提出辞职，说这份工作已经影响到了她的声誉。就这样，在岑菲菲的无理取闹下，丈夫失去了一个得力助手。据说，语嫣跳槽到了另外一家公司，而这家公司正好是原公司的竞争对手。

培根说过："嫉妒这恶魔，总是在暗地里悄悄地去毁掉人间的好东西。"

其实，每个人或多或少都会有嫉妒心，做到超然物外、不为世间任何人事所动，那恐怕是红尘之外的人了。有嫉妒的情绪没什么可怕，可怕的是不知如何应对和处理。看一个人嫉妒心是否过大，就要看对他的生活影响有多大。若是为了一点微不足道的小事，或者听闻周围任何一个人过得比自己好，比自己优秀，心里都会觉得很不舒服，那就真的有些不可理喻了。这样的人，就像莎士比亚说的那样，做了嫉妒的俘虏，必会受到愚弄。

嫉妒对我们来说，如同长在心里的毒刺，你任由它在心中生长，未来的日子里，你的心就会不时地隐隐作痛。与其这样过一辈子，不如拔掉那根刺，用宁静、淡定、宽容慢慢地修补心灵，完善自己。毕竟，这个世界上，总会有人让你羡慕、让你嫉妒，想要心安，就得保持淡定，你不去比较，不去在意，就没有什么东西可以伤害到你。

别去奢望自己得不到的东西，也不要眼巴巴地嫉妒别人的生活，更不要因为嫉妒心而终日郁郁寡欢。每个人都有自己的个性，都有属于自己的光环，谁也不会被谁的光芒掩盖，专心做自己，那么在人生的舞台上，你就是最出色的，你也会拥有真正属于自己的观众。

有人说过这样的话："嫉妒，能享有它的只是闲人，如果我们生活充实，就不会花很大工夫沉溺在嫉妒里。"平日里多做一点有意义的事，陶冶情操，开阔视野，当一颗心充实了，内在有了质的提高，也就无暇去嫉妒他人了。

再亲密的人，也忍受不了你过度猜疑

情侣之间，常常会说出类似这样的话。

"因为爱你，我才不要你的身边出现别的女人。"

"因为太怕失去你，我才对你的每一个举动那么在意。"

"因为想和你一起老去，我才不想让任何人夺走你。"

以爱之名，原本是多么浪漫的一个词语，可是，当它成为情侣间互相猜疑的借口时，便变得面目模糊了。

我家隔壁住着一对小夫妻，他俩经常吵架，而起因大多是女方阿青经常猜疑丈夫。

阿青原本很幸福，丈夫特别疼爱她，对她百依百顺，可她总是对眼前的幸福患得患失，总是怀疑自己的幸福最后一定会被某个女人偷走。所以，她整天提心吊胆，几乎无暇品味幸福的滋味。

难道婚姻真的是爱情的坟墓吗？难道男人真的都会吃着碗里

的看着锅里的吗？难道男人在得到一个女人后，就会因为得到了就不好好珍惜了吗？难道男人都是动物吗？难道他们根本不懂得长情吗？阿青脑子里每天回旋着这些问题，久而久之，她对丈夫便有了防范之心。她开始偷偷检查丈夫的公文包，偷翻他的口袋，拆他的信件，盘问丈夫的朋友，比如说丈夫最近都去了哪里，都见过哪些女人之类，她甚至开始跟踪丈夫。

一天，阿青接到丈夫说要加班的电话，她的脑子"嗡"的一声炸了。她想，男人一般说"加班"的时候，便一定有问题。她决定采取行动——给加班的丈夫送饭。

晚上十点多，她来到丈夫办公楼下，看到整栋楼只有一间房间亮着灯，她的腿都软了。她心痛地想，不知道那间屋子里正在发生着什么呢！于是，她蹑手蹑脚地绕过保安，爬上了亮着灯的那一层。等她悄悄透过门上的玻璃看到埋头工作着的丈夫时，心终于安定下来了。可这时，楼道尽头处一声大喊："喂！谁在那里？"她一愣神，反应过来，知道不能让丈夫发现自己，便转身就跑，结果被保安逮了个正着。

正当两个人在楼道里纠缠不清的时候，丈夫闻声出来，看到妻子，还没有明白发生了什么。保安口口声声说这个女人鬼鬼祟祟的，丈夫这才明白发生了什么。他上前去跟保安解释清楚，保安这才放了阿青。

当丈夫第一次发现阿青这样猜疑自己时，他只是无奈地笑笑，知道妻子是因为爱自己，便带着她回家了。两次，男人会觉得她离不开自己。三次，男人会很烦。一而再、再而三地发生……终于，丈夫在又一次发现被阿青跟踪后拂袖而去。

那天本来是周末，丈夫接到一个电话，说是要去见一个客户，有一个合同着急要签，不然会耽误两方面的工作进度。阿青想，什么客户非得赶在休息日呢，于是她起了疑心。等丈夫出门后，她便尾随着丈夫到了一家咖啡馆里。果然，丈夫坐在了一个女人的对面。她来不及细细打量那女的，便怒火中烧，气呼呼地冲进咖啡馆，劈头盖脸地将两个人一顿臭骂。

那女的脸红一片白一片，拎着包就走。阿青还打算不让她走，结果被丈夫死死拽住。等那女的走了，阿青又哭又闹，说丈夫偏袒那个小妖精。

那时正是咖啡馆里人流量大的时候，大家都将目光转移到这边，丈夫一怒之下，将桌上一沓合同通通扔给阿青，然后拂袖而去。阿青这才发现，丈夫的字才签了一半，客户还没有签字。等阿青回来时，她发现丈夫已经收拾好自己的行李不知道去哪儿了。

几天后，她左等右等不见人回家，便去丈夫的单位。有人告诉她，她丈夫丢了一单很大的生意，十分内疚，主动要求暂时调到偏僻的小镇。她这才疯了一般，买了去那个小镇的火车票，颠簸了十几个小时,找到丈夫。丈夫压根不愿意理她。是啊,他能不生气吗?一而再、再而三地怀疑他,挑战他的忍耐底限。现在,单位上上下下都知道,他娶了个爱猜疑的老婆。男同事老拿他开玩笑,女同事更是与他连话都不敢说,甚至在他问为什么不说话时,同事这样回答他:"我敢跟你说话吗?我还怕哪天你老婆把我当你的情人,在街上暴打一顿呢。"

她这样伤害丈夫的自尊心,还阻碍他事业的发展,实在让他不能容忍。当然,丈夫毕竟是爱她的。最终,在阿青千般保证万般发誓之后,他还是原谅了她,跟着她回了家。

阿青的疑心病在女人中是有的,因为女人天生情感细腻、敏感,所以很容易让自己陷入猜疑的旋涡中。

当然,在婚恋中,喜欢猜疑的男人并不比女人少。但是,无论是哪一方,猜疑对方都是不对的。情侣之间最重要的就是互相信任,而猜疑则会破坏双方情感,最后导致悲剧发生。

既然双方已经是彼此的有情人,就要放手去爱,坦诚相对,别让猜疑毁了来之不易的感情。

他人的嘲笑，何必放在心上

面对生活，人其实只有两种选择：一种是接受，另一种就是改变。

如果有人嘲笑你，你无法让他们闭上嘴巴，这时该怎么办呢？是自己一个人生闷气吗？当然不是，正确的做法是，把那些嘲笑当作耳旁风。

千万别把那些嘲笑当回事，而应该保持好心情。没什么比好心情更重要的了。输什么都不能输了心情。譬如，别人嘲笑你，你勃然大怒，这就错了，此时的你可谓是备受内忧外患的煎熬。何谓内忧外患？外患是别人嘲笑你，内忧是你无法左右自己的心情。被内忧外患包围的人，生活怎么会好呢？

我的一个发小，个子比较矮，这一度成了他的心病。他多想成为一个高大的男人，但没有用，这个世界不会为他改变什么，就像他的身高，从来都不会因为他受不了别人的嘲笑就多长几厘米。

很长时间以来，他掩不住心中的自卑。自卑又有什么用呢？于是，他报了一个心灵自修班，在那儿，他学会了"洒脱"。

心灵班的老师说，只有洒脱的人最快乐，也只有洒脱的人才有资格向生活要好日子。说来也怪，他掌握了"洒脱"这一魔法后，顿时就发现生活变得不一样了。比如说，现在的他看见每一个人都觉得对方是笑眯眯的，他也回以真诚的微笑。笑眯眯的世界怎会不好呢？再说了，人们不是都说嘛，喜欢微笑的人运气都会很好。这句话在他身上得到了印证，他交了一个比他高10厘米的女朋友。女朋友说，她是被他的微笑吸引来的。

暂不说别的，且来说说为什么有人喜欢嘲笑别人。

嘲笑别人的人，大多都有潜藏的自卑。不要认为嘲笑别人的人都很高傲，那就错了，正是因为他们心中有着十分严重的自卑，所以他们才需要嘲笑别人、打击别人来显示自己的重要性。这样的人，他们越嘲笑别人，他们内心的自卑感就越深，就需要去嘲笑更多的人来获取心理平衡。他们难道不可怜吗？

何必和他们一般见识？和他们一般见识，就是你主动降低了自己的身份，譬如一头狮子，偏要去和老鼠打架。狮子和老鼠打架，胜利的永远只会是老鼠。狮子抬高了老鼠的地位，再不济的老鼠一旦和狮子开战,也会变成非一般的老鼠,一跃升为可以和狮子抗衡的老鼠。不管老鼠是输还是赢,从这一角度来讲,老鼠已经获得了永恒的胜利。

别人嘲笑你?好办,你就当成耳旁风得了。别放在心上,一放在心上,你就输了。人心只有一拳之握,三寸见方,你放的消极的事情多了,存放积极事物的空间就会被占用。若是你将那些不开心的事从来不当一回事儿,不让它们在你心间停留,能停留在你心间的,只有和阳光类似的事物。这样一来,你的生活怎会不明媚一片?

能让你变得快乐的,只有你自己。倘若你自己不善于自娱自乐,倘若你不懂得如何转移负面的东西,那么,那些负面的东西,只会越来越多地积压在你的心房,抢走你的快乐地盘。你要有"我的地盘我做主"的自信。别人说什么是别人的事,你如何看待由你自己做主,这才是最重要的。你应该学会"不将别人当一回事",你太拿别人当回事,你就是为别人而活了,别人随便一个眼神就可以打败你。

在遇到他人的嘲笑时,你应该知道怎么做了吧?

为小事计较，只会显露你的浅薄

拥挤的地铁里，两个打扮入时的女人互揪着头发，厮打在一起，肆无忌惮地谩骂着对方。究其原因，不过是因为抢一个座位罢了。旁观的人们露出各色表情，有人皱眉不解，有人摇头叹息，有人出言劝和，有人转身回避。

望着眼前扭打的景象，再去论定谁对谁错没有任何意义，若其中一人稍有点素质和内涵，也不会落得这般尴尬的局面。其实，那趟地铁，全程历时不足一小时，多站一会儿又能损失多少？就算累一点，拥挤一点，也好过在众目睽睽之下，厮打成一团，口无遮拦，遭他人的冷眼与耻笑。两个如此浅薄的人，实在可叹可悲！

生活本就像七色板，由各种各样的碎片组成。有些碎片看起来精美绝伦，有些碎片看起来丑陋不堪，可是少了哪一样，都算不得完整的生活。只要多欣赏一些美好的，少计较一些不美好的，也就不至于伤心动气了。总是把目光盯着那些不值一提的小事上，只会越活越狭隘，越活越肤浅；若还要无休止地纠缠下去，就会在不知不觉中消耗掉心智。

安德列·摩瑞斯在《本周》杂志上说道："我们常常因为一点小事，一些本该不屑一顾、抛之脑后的小事，弄得心烦意乱……想想我们活在这世上的日子不过几十年，而我们却浪费了很多不可能再补回来的时间，为一些无足轻重的小事而烦恼，真是太不值得了。"

每每遇到不顺心的事，忍不住想发脾气时，胡夏总会在心里默念："没什么大不了！不计较这些了。"说上几遍之后，她便会觉得宽慰多了。

那天，胡夏和先生邀请几位朋友到家里做客，并特意准备了西餐。平日里的她，是一个很讲究的女人，对吃饭的事也很精细。客人快到时，胡夏突然发现，有三条餐巾的颜色和桌布不配。她跑到厨房里查看，才发现先生新买的两包餐巾竟不是同一种颜色。

她气急败坏，很想冲先生发脾气。这时，客人们已经到家门口了，若跟先生为此事吵闹，岂不很尴尬？她做了一个深呼吸，心想："算了！没什么大不了，不计较这些了！"说着，就洋溢着笑脸出去迎接朋友了。大家笑着直接走进餐厅吃饭，当晚的气氛很融洽，众人都夸奖她的厨艺不错。至于餐巾的颜色问题，似乎也没人注意到。

朋友走后，胡夏才把餐巾的事告诉先生，并笑着说自己差一点就大发雷霆了。

先生笑问："你一向很讲究，遇到我这个马大哈，办了这么一档子事，怎么还能忍得住？"

她坦白说："我也得权衡一下啊！与其让朋友觉得我是个不那么讲究的人，也不能让他们觉得我是个爱发神经的女人。不讲究还可以说成不拘小节，可大发雷霆就只能是没修养了。为了一点小事大动肝火，惹人耻笑，实在有点得不偿失。"

人生苦短，无论工作还是生活，繁杂琐碎惹人厌烦的事太多。满是疲惫的时候，哪怕只是一点小事，也会惹得情绪爆发。可发泄过后呢？什么也没有改变，却适得其反。就算没有发泄到他人身上，自己喝闷酒，哭得眼睛红肿，也不过是在狠心地惩罚自己，何苦呢？

生气恼怒，永远化解不了问题，只会让问题更加复杂。人与人之间的摩擦，往往都是微不足道的小事，既是小事，有必要争得面红耳赤，谩骂厮打，结下一生的死结吗？放开心胸，大度一点，忍让不是软弱，而是一种修养。

她原在的公司经营不善，发不出工资，一时间解聘了所有人。

学历不高、工作经验欠缺的她，奔波了很长时间，也没有找到新工作。

一天，她到某公司面试。那家公司在16楼，好在当天等电梯的人并不多，她上去的时候，同乘的只有两名男子。在电梯门即将关闭的时候，突然有人伸出一只手来。只见一个男人气急败坏地走了进来，冲着她大喊："你是不是聋了啊？我喊了半天，让你'等会儿'，你听不见啊？"

电梯间的气氛变得凝重了，另外两名男子看着她，想知道她会如何应对这个随便迁怒于别人的男子。没想到，她竟然没生气，很平和地说："不好意思，我真的没听见。"伸手不打笑脸人，那男子也只好作罢，没再言语。

等待面试时，她意外地发现，面试考官竟然就是刚刚在电梯里的那两个男人。显然，她被录用了。考官没有询问她的学历、工作经历，只问了一个问题："你为什么不生气？"

她解释道："他嚷也嚷了，骂也骂了，我再和他生气争吵，没什么意义。我今天是来面试的，不想因为这些事搞砸了心情，影响面试的状态。况且，既然同乘一间电梯，说不定他也在这栋写字楼里工作，甚至还有可能会是我将来的同事，抬头不见低头见，何必为了这点小事结怨呢？不值得。"

容易为小事生气的人，往往是浅薄的。做人应该学得大气一点，凡事不要太较真，认死理。太认真了，就会对什么都看不惯，也会一步步地把自己逼到绝望的深渊。放开那些微不足道的小事，是一种生活智慧，也是可贵的修养；唯有懂得宽恕，懂得容忍和爱的人，才能在有限的生命里，活出无限的喜悦与精彩。

只看我所有的,不看我所没有的

空旷而寂静的讲堂里,所有人的目光都聚集在一个女人身上。

她站在讲台上,有时挥舞着双手,有时仰着头,脖子伸得很长,和尖尖的下巴形成一条直线;有时她会张着嘴巴,眼睛眯成一条缝,注视着台下的听众。偶尔,发出咿咿呀呀的声音,没有人知道她在讲什么,她基本上是个不会说话的人。不过,她的听力很好,只要有人猜中了她的意思,她就会开心得拍着手,叫一声,然后举起一张明信片,示意他答对了,可以获得这个礼品。

这场别开生面的演讲,是她巡回演讲的第三站。她从小就患了脑性麻痹,疾病让她失去了肢体的平衡,夺走了她说话的能力。二十几年来,她一直活在众人异样的目光里。不过,这些痛苦并没有给她的心理造成阴影,她笑着面对,最后还取得了美国某知名大学的博士学位。

演讲过程中,一位学生提问:"您从小这个样子,有没有怨恨过?或者羡慕过其他正常的人?"听到如此尖锐的问题,台下窃窃私语,似乎在指责提问者太过分了,直戳别人的痛处。

不过,她并没有生气。她先在电脑上打了一行字,投射在屏幕上,表示听懂了对方的提问:"我怎么看我自己?"接着,她看着发问的同学,嫣然一笑,又低下头继续打字:"我很漂亮,我的腿很长很美,我的父母很爱我。我会画画,会写文章……"

看到这里,台下的人都沉默了。在寂静中,她打字的声响非常清晰。对于这个话题,她写下最后的结论:"我只看我所有的,不看我所没有的。"

也许,在众人眼里,她的人生有太多的遗憾,可庆幸的是,她不羡慕别人,不否定自己,哪怕遭遇了疾病的折磨,依然快乐地活着,努力找出自己的优势,发现自己的美好。在这一点上,有的身体健全的女人却做不到,只盯着别人的好,内心充满怀疑和否定,极其在意别人挑剔的目光,过分在意自己一时的得失,失去了自由奔放的个性,变得自卑自怜、自暴自弃。

在写给女人的箴言中,卡耐基说:"发现你自己,你就是你。记住,地球上没有和你一样的人……在这个世界上,你是一种独特的存在。你只能以自己的方式歌唱,只能以自己的方式绘画。你是你的经验、你的环境、你的遗传造就的你。不论好坏与否,你只能耕耘自己的小园地；不论好坏与否，你只能在生命的乐章中奏出自己的发音符。"

现实中无法找到完美的人，但总能找到美好的人，这份美好就来自自我欣赏。无论自己生得美与丑，无论自己活得伟大还是渺小，他们都会用欣赏的目光审视自己，不会嫌恶自己、贬低自己。

生命是自己的，生活也是自己的，每个人都有令人羡慕的东西，也都有缺憾的东西。不要把生命浪费在与别人的对比上，欣赏你所拥有的一切，放下心灵的负担，仔细品味自己的生活，就不会轻易动怒和沮丧了。

如果能简单一些，只看自己拥有的，不羡慕，不攀比，必会少了诸多烦恼。欣赏自己的生活，不因默默无闻而烦恼自卑，活得坦坦荡荡，活得落落大方，这才是一个优雅的人该有的样子。就像那春寒料峭的冰凌花，虽不及牡丹那般得人宠爱，却仍然义无反顾地迎着寒风倔强地开放，至香至色，只愿与清寒相伴。

冰凌花如此，生活亦如是，只要活得有滋有味便好，不必太在意活着的方式。心平气和，随遇而安，把名利得失看得淡一点，从别人的生活中走出来，一步一个脚印地走自己的路。当有一天，蓦然回首的时候，你会惊喜地发现，自己走过的地方也是一片怡人的风景。

感恩能让一个人变得简单通透

在洛杉矶的一个家庭里，一大早，三个黑人孩子就开始在餐桌上埋头写着什么。三个认真的孩子并不是在写学校的作业，而是每天必写的感恩信。

他们每个人都会写很多行，大致的内容是"路边的花开得真漂亮""昨天的天气真好""昨天妈妈讲的故事很有意思"这样的句子。

这些话语所体现出来的大多是：他们会感谢自己有饭吃，他们会感谢爸爸妈妈的辛勤工作，也会感谢同伴们……这些虽然非常简单，却能让孩子们的心变得简单而又单纯。

感恩并不是要感谢对你有很大帮助的人。感恩更多的是一种生活态度，是一种善于发现蕴藏在生活细节中的美并能欣赏到的独特的态度。就像这些孩子们一样，拥有感恩的心，自然能感受更多的美好和幸福。

感恩的心是可以培养的。如果一个人想要拥有美好幸福的生活,就要学会去培养一颗感恩的心。当你再想"我还需要什么"的时候,就换成想"我现在拥有什么,我所拥有的是从哪来的"。这时你会发现,其实自己已经是一个什么都不缺的人。

杨丹和何渺是同一批被招进公司的员工。两人学的是同一专业,能力不相上下。可是,三个月的试用期过后,却是一去一留的结果。

杨丹刚进入公司,事事都怀着一颗感恩的心,无论经理给她安排什么任务,她都乐于接受。有一次,同事对杨丹说:"杨丹,经理是不是故意整你的,怎么给你安排这样一个任务呀?这明显就是难为你嘛!"杨丹却说:"就当是考验我了,也好让我快点上手啊。"

甚至在别人指出她工作中的错误时,她也高兴得像受了表扬一样。一次,刘姐指出杨丹企划书中的不足时,杨丹非常感动,当着全办公室人的面感谢刘姐。这还不够,她非要请刘姐吃饭,说只有这样才能表达自己的感激之情。

那次周末,该刘姐值班了,杨丹主动要求替刘姐值班,并对刘姐说:"你可以在周末好好地陪陪孩子。我周末也没事,就当给自己找一件事做了。"

公司里的人都非常喜欢杨丹，在工作中也愿意帮助她。杨丹的勤奋好学，促使她的工作能力突飞猛进。

何渺与杨丹很不一样，总是一副自以为是的样子。即使有人帮助了她，她也觉得这并不是一件什么了不起的事，一副理所当然的样子。于是，大家都不愿意再去主动帮助她。这样一来，何渺在工作上进步得很慢，没有团队合作精神，最终被公司辞退掉。

这个世界上，没有人有义务要对你好。如果有人愿意对你好，你就要表达感谢之情，这样对方才会觉得自己的爱有回应；如果别人对你很好，你却没有任何的表示，甚至连一句"谢谢"都懒得说，那真的会让对方感觉到是在自作多情。

就像杨丹和何渺的故事一样，因为对待生活的态度不同，所以产生了两种截然不同的结果。这虽然是一份工作，那以后呢？何渺还要经历其他的工作，还要经历爱情，还要经历家庭生活。没有感恩的心态如何让她感受生活中的美，又如何能感受幸福呢？

杨丹就不同了。杨丹的态度不仅让别人喜欢她，重要的是她愉悦了自己。有了感恩的心态，她以后无论面临什么样的生活，都会用心去感谢生活给她的美好。这样的她一定是幸福的。

懂得感恩的人是满足的。他们满足于当下的生活，满足于自己所拥有的，把每一天都当成是生命赐予自己的礼物，用最好的心情和最好的状态去面对每一天。

也许在最初的时候，每个人都敏感地感受着花开花落，为此悲伤，为彼伤神。我们就用这种方式深刻地体验着生活，想用心记住每一天。

在成长的过程中，我们失去着也收获着，迷茫着也困惑着，不知道生活的真相是什么，或者想问生活是不是喜欢戴着面具上演恶作剧。终于，我们变成了成熟的人，揭开生活的面具后才发现，原来恶作剧只不过是一场玩笑，只是当时不懂得放肆地大笑。

如今，我们开始明白生活赐予的一切都是如此地难得，不管是难过还是开心，都是生活的点缀。于是我们开始感恩一切，开始用简单的心感受这一切，不求深刻，只求能一直感受这持久的幸福。

感恩能让我们变得简单而通透，如果你觉得自己拥有得太少，而世界欠你的太多，那从今天开始，去培养一颗感恩的心吧！

收起苛刻,没有谁的灵魂那么完美

英国哲学家托马斯·布朗说:"当你嘲笑别人的缺陷时,却不知道这些缺陷也在你内心嘲笑着自己。"

苏拉和朋友在一间高雅的西餐厅里小聚。不多时,邻桌的一位女士开始打手机,提到了婆婆、孩子、婚姻,看样子是在跟丈夫通话。那位女士越说情绪越激动,最后竟然开始爆粗口,吵嚷了半刻之后,气急败坏地走了。苏拉望着那女士离开的身影,摇了摇头,低声地跟朋友说:"何必呢?就算真的过不下去了,好聚好散,用不着像仇人似的吧?"

她们继续天南海北地聊着,后来竟谈到了家庭的问题。苏拉和丈夫都上班,孩子一直是婆婆照看,两代人在如何管教的问题上,存在很大分歧,婆婆的不少做法,苏拉心里很不满。她像压抑了很久终于找到发泄的机会那样,和朋友说婆婆如何溺爱孩子,丈夫在这个问题上立场多不坚定……朋友看着她，没有一句安慰，反倒笑了，说："瞧，你现在不也发脾气了吗？说丈夫，说婆婆，只是分贝低了点，没刚才美女的火气大。"

苏拉叹了口气说："唉，遇到这样的事，估计谁心里都觉得憋屈。看来，以后不能随便说别人了，因为自己做得也未必好。"

切忌看到某些不入眼、不入心的人和事，就觉得对方没有修养，没有内涵，或是默默地鄙夷，或是直截了当地指责。可事实上，没有谁的灵魂那么完美，当我们从别人身上发现瑕疵的时候，也正是自己暴露缺点的时候。没有置身于当事人的立场，感受不到对方的心情，主观地评头论足，其实也是一种苛刻和浅薄。

沈月在地铁上看到，一位母亲不知何故，对年幼的孩子破口大骂。她当时就想："这个女人太过分了，大庭广众之下不注意一下自己的形象。再者，孩子也是有自尊心的，怎么能这么训斥他呢？如果以后我有了孩子，不管碰到什么事，都不会这么发脾气。"

可就在那天，沈月回到家后，突然发现自己电脑桌上的水晶球不见了。她问过母亲才知道，原来是四岁的小侄子在屋里跑闹，不小心把那水晶球给摔碎了。那个水晶球是她逛了很多家店才买到的，很是喜欢。沈月心里很明白，小侄子只是无心犯的错，可她还是忍不住大发雷霆，吓得小侄子哭了半天。发过脾气之后，她突然想起公交车上的那一幕，暗自感叹："原来，我也会像那个女人一样对待孩子,我也会有缺少宽容和耐心的时候……"

德国作家托马斯·曼说过:"不要由于别人不能成为你所希望的人而愤怒,因为你自己也不能成为自己所希望的人。"没有谁是完美的,也没有谁是不会犯错的,那些我们不喜欢的人、看不惯的人表现出来的特质,可能在我们身上也会找到。静下心想想:当你指责爱人痴迷于游戏废寝忘食的时候,你自己是不是也会痴迷于逛淘宝而迟迟不肯休息?

要做个心平气和、善解人意的人,就要学会控制自己的"抵触情绪",不要动不动就在一旁指责别人的错,苛责别人的缺点。当你发现自己对别人表现出的某些特质感到厌恶、忍不住想挑剔的时候,不妨回想一下,自己是否也有过类似的情况?是否有过比她还要失控的时候?用当时的自己,和此刻看到的对方,做一个对比,也许你就不会那么愤怒了,因为你会发现,每个人都不完美。

电视屏幕上出现了这样的画面:妻子偶然发现丈夫有外遇,发疯一样地冲到丈夫的办公室,和他大吵大闹,俨然像个泼妇。丈夫原本有些悔意和歉疚,可见此情形,竟然坦白承认了,又反过来数落妻子的不是。

陈楚眉头紧皱,有感而发:"这女人疯了吧?太不理智了。为什么不私下跟他谈谈呢?弄得满城风雨,对你有什么好呢?太看不惯她这样的人了……"丈夫在旁边撇了撇嘴，说："如果是你，反应可能比她还要激烈呢！上次因为一点儿误会，你就不依不饶了……"

听丈夫这么一说，陈楚只好以笑作罢。对于电视里的女主角，陈楚的厌恶感逐渐变成了一种同情：在他最穷困潦倒的时候，她不离不弃，陪他一起创业；公司刚起步的时候，她起早贪黑，风里来雨里去，付出了太多的艰辛。结婚十几年，她悉心地照顾他的父母、抚育他们的孩子，里里外外的事都是她一人在打理，为的是让他能安心发展事业。如今，他飞黄腾达了，却忘记了昔年的旧情，忘却了还有一个为他日夜操劳的人。换作是自己，势必也会感到心寒和愤怒。

如此想来，陈楚对女主角歇斯底里的疯狂举动，也多了一份理解和原谅。尽管对她处理问题的极端方式不敢恭维，可至少能就事论事地去看问题了，不盲目地指责一个人，更不随意产生厌恶的情绪。否则的话，自己也是在朝着极端的方向走了。

我们无法控制别人的情绪，更无法支配别人的言行。我们能做的，就是在看到一些不美好的事物时，多一份平和与理解，多一点同情和原谅。微笑着与生活和解，悦纳不完美的人和事，才能逐渐提升自己的修养，掌控自己的心境。

你觉得不公平，别人可能觉得很正常

生活中，时常会听到很多抱怨的声音："我为你做了那么多，为什么你不领情？你这种态度对我公平吗？""真不公平，为什么还不让我升职？真是怀才不遇啊！"……这些声音的发出者总是对别人有无尽的怨言，而他们通常会成为逃避责任、懒惰倦怠、寻找借口的一类人。

要知道，生活中没有绝对的公平，公平是相对的。如果你一遇到不顺心的事，就习惯性地向别人倒苦水，总是希望别人能帮忙，替你化解困难。结果可想而知，周围的人只会疏远你。

你的经历别人可能也经历过，别人也是这样一步步地走过来的。其实每个人的处境都差不多，你的不公平，在别人眼里可能很正常，别人未必就比你的处境好，也未必比你遇到的困难少。

你难免会遇到很多不公平的事，难免受到一些不公平的待遇。

而一味地追求公平，是非常危险的。这只会降低你对生活的期待值，使你失去更多的机会，甚至失去已经到手的机会。

有一次，我参加一场企业交流会，一位老总谈到了这样一个案例。

小赵来到一家广告公司上班，老板很欣赏他的才华，给他一个高管的职务。当时，朋友们都为他高兴，觉得他可以大展宏图了。可几个月之后，不论谁见到他，都听见他在说情绪话，比如老板素质太低，同事心眼太小。其实，这几个月来，好几项由他设计的广告作品已经在媒体上火爆刊登。按理说，他的事业是很成功的，可他总是受不了一些小小的不顺心，整天牢骚满腹。

后来，他又跳槽去了另一家公司，薪水也涨了一大截，可没多久他又愤愤不平起来，说公司里有几个老板的亲戚不但吃闲饭，还总坏别人的事。时间不长，他又辞职了。后来，他几年内换了好几份工作，每次都有不同的抱怨：不是老板太抠，就是环境太差；不是同事不配合，就是客户太老土……

久而久之，他的名声和人缘便一落千丈了。到后来，这个行业里稍微好一点的公司都不愿意雇用他，他曾想自己创业，但一来缺少资金，二来也没人肯帮他，最后迫不得已，只好忍气吞声地在一家小公司里拿着一份微薄的薪水，混一口饭吃。

当然，他仍然没有改掉爱抱怨的习惯，他总觉得命运对自己太不公平。可他不知道，正是那种动不动就发泄情绪的习惯，让他不懂得珍惜自己的工作，从而失去了很多机会……

从小赵身上我们可以看出，一个总是抱怨、总是向别人倒苦水、总觉得自己受伤最多的人，一两次还可以，时间长了，大家就会厌烦，慢慢地这个人就会使自己陷入艰难的境地，让自己失去很多机会。

其实，喜欢发泄情绪的人，最擅长"宽以待己，严于律人"，总觉得别人对不起他，命运对不起他，甚至国家、社会也对不起他。但他从来不肯相信这些连小孩子都懂的道理：没有付出怎么能有收获？没有坚持不懈的努力，哪能看到最后的曙光？他们幻想生活会给自己安排好一切，让他们舒舒服服地走向成功。

如果一个人总是做着不劳而获的白日梦，而生活又远远偏离了他那不可能实现的幻想，若他只会唠唠叨叨、骂骂咧咧，把随时向亲友、同事发泄情绪当作唯一的办法。那么，这样做的后果，会把自己的能力封顶了。于是，他们成了自己潜力的最大敌人，成了自己成功路上最大的羁绊。爱发牢骚的人，有的是有才华的聪明人，可他们却聪明反被聪明误，鲜有做出大成就的。究其原因，就在于他们用抱怨和牢骚彻底地限制了自己，也让大家越来越讨厌，越来越厌烦，最终成为没人愿意理会的可怜人。

第三章

生活不容易，
做一个有智慧的人

在这薄凉的世界，我们可以拥抱取暖

　　拥抱在情侣之间是再熟悉不过的一种肢体交流语言，它用来表示爱、表示亲昵、表示美好的感情。同性朋友或者家人之间，偶尔也会有拥抱，那是一种鼓励、一种温暖。

　　拥抱，这种礼节性的方式在中国还不是很常见，但是国外很多国家都喜欢用拥抱表达感情。那是因为通过拥抱可以让人能感觉到对方的温暖、真诚、亲情、关爱、友情等美好的情感。

　　有一对年轻的夫妻，结婚不久，就开始吵架。一天，两个人又吵起来，吵得很凶，把家里的东西都摔碎了。

　　其实，两个人之间并没有什么大的矛盾，就是妻子想要逛街，而丈夫的工作很忙。在上班时间，妻子却打电话给老公要去逛街，男人觉得是无理的要求。于是，他第一次拒绝了妻子的请求，并尽量用温柔的声音说："乖，宝贝，自己去吧，我还要上班，还要赚更多的钱养活你。"

平时,男人很宠溺女人,无论女人什么样的要求他都尽量满足。结婚后,他对女人更是疼爱有加,还让女人辞去了工作,在家里待着,做点喜欢的事情。他不会让女人做任何的脏活重活,也不让女人有任何的委屈;他为这个家拼搏,他想让女人过更好的生活。

妻子像是受不了这样的拒绝,大吵大闹起来,让男人陪着她逛街。而男人想不通女人为什么不能理解一点点。男人断然地挂了电话。

男人认为女人会懂得自己的,于是没有理会太多。当一天繁忙的工作结束后,男人回到家里,发现妻子坐在客厅的沙发上一声不吭。她随即起身上前打了男人一个耳光后开始疯狂地摔东西:"结婚没几天,你就这样对我了?你不爱我了?说,你是不是外面有人了?"男人看着这个以前温柔可人的女人,现在怎么变得像个泼妇,男人不敢相信自己的眼睛。

男人很痛心,一直沉默着。女人摔完东西,把家里弄得乌烟瘴气,也不理会男人,独自回房间睡觉了。男人在客厅抽了一晚上的烟,一直坐到天亮,然后整理了一下情绪,带着血红的眼睛去上班了。

男人第一次没有给女人准备早餐,第一次没有收拾女人留下的狼藉，因为男人的心感到很冷。

女人起床后，发现家里还是很乱，也没有早餐，很生气，认为男人真的不爱她了，于是收拾行李就离开了他们的家。

这一走，男人第一次没有主动给女人打电话，没有去哄她。女人依然觉得自己没有错。但是她很紧张，她感觉到了从未有过的担心。女人的妈妈知道了事情的全部经过，于是对女儿说："女儿，不可以再任性。你已经结婚了，要学着为这个家做点什么，而不是索取。自己做错了，就要主动承认，别怄气了。回去吧，给他一个拥抱，他会原谅你的。"

女人听了妈妈的话，回去以后，在男人下班的时候，紧紧地给男人一个拥抱，对他说："亲爱的，我错了。我想你。"

男人深深地抱住女人，眼圈红了。那天，他们和好如初。从那天起，女人和男人约定，无论以后谁做错了，都要给对方一个拥抱。

女人，当你做错的时候，不要无理取闹，不要胡搅蛮缠，要坦然对待你的爱人。有时候，错并不是什么大不了的事情。放开你的胸怀，给对方一个拥抱吧，因为对方能够感受到你的真诚和温暖。

拥抱是一种让人觉得美好的动作。不要吝啬你的拥抱。有时候，一个礼节性的拥抱会让人倍感温暖。

有这样一部电影叫《无人驾驶》，片中的王丹正是靠一个拥抱，把王遥的信心找回来的，让王遥有了活下去的勇气。一个拥抱拯救了王遥。当王丹在骗了王遥一大笔钱后，最后因为忏悔，王丹拥抱了王遥，作为道歉。王丹问王遥："我骗了你那么多钱，你恨我吗？"王遥说："不恨。因为你的拥抱曾经救了我。现在，你又来照顾我卧病在床的妻子，我很感激你。"当王遥说完这些话后，王丹对他说："请让我再给你一个拥抱吧。"于是他们在隔着监狱的围栏拥抱的时候，王丹对他说："对不起。"王遥瞬间哭了。

虽然王丹骗了王遥的钱，但是最后王丹用一个拥抱道歉。其实，人是很脆弱的。有时候，一笔钱或者别的什么东西远远比不上一个拥抱更让人觉得温暖。

学会用拥抱说抱歉，无论对方是你的爱人、家人，还是朋友。如果你做错了，就给对方一个深深的拥抱，让对方感受到你的爱、温暖、关怀、关心，还有真诚。相信很多矛盾都会因为你的拥抱变得不再是你的苦恼。

用拥抱说抱歉，用拥抱把世界变得更美好。

每一个洒脱的人,都有一颗柔软的心

洒脱是一种人生态度,是对生活的透彻理解,是对人生的深刻体验。人生如戏,每个人都是演员,都扮演着自己不同的角色。戏演得好坏,有时全在于演员是否自然,是否放松。倘若你老是紧绷着一根弦,动作就会生硬,戏也迟早会演砸。洒脱,是你在出演人生这场大戏中的镇静剂,它让你甩开负面精神的包袱,轻装前进。洒脱的人是快乐的,因为他懂得如何转化消极情绪,令自己快乐并带给他人快乐。

我们为了生活,每天忙忙碌碌,尽管忙碌能令人充实而愉快,但如果我们不懂得洒脱,就是在给自己的心灵增加负担。让心灵终日在劳役,终有一天心灵会疲惫。要想能多承担一些世俗的担子,必须学会洒脱,洒脱能让人在痛苦中获得一种平静,在苦涩中品味出一丝甜蜜。

一个女人在年轻的时候，爱上了同行的一名男子，当时她的外貌并不出众而且还有龅牙，而那名男子却是当红的主持人。没有人看好他们的恋情，但她没有因为大家的看法而改变，还在节目中高调公布："是我主动出击，倒追他的。"她越想霸占他的全部感情，他就越精明地闪躲和沉默。

男人可以接受女人的爱情，却不愿因手边的爱情而赔上他一生的自由。就在她在国外旅游时，他打来电话说："这几天我想了很久，觉得我们还是分开比较好。"她鼓起勇气问："是由于她吗？"他默认。听完电话的她站在人来人往的街头，大哭了起来。

回国后的她夜夜在舞厅狂跳与大哭来发泄，宁肯自己宿醉痛苦，也不愿让负心人看见自己的伤。她知道他们分手，不是由于她不够漂亮，不是由于她不够红，只是由于他变了心。男人变了心，就算你为他整容成七仙女，他也不会回头。她深知此道理，因此她说："失恋真的很痛苦，但是我不希望变成纠缠人的讨厌鬼。"

好友和男友的共同背叛没有击垮她，反而让她做了一次华丽转身。她摘下了牙套，开始学美容、减肥，将对爱情的那分热忱投入到工作中，并拿到了金钟奖"最佳主持人"，成绩远远超过了过去的他。

女人有了华彩，自然不愁没人爱，之后，她与一名美籍华人迅速陷入热恋。甜蜜的日子似乎过得特别快，一晃两年过去了，远在纽约的"未来公婆"满怀期待地等着她远嫁重洋，万事俱备，只欠东风，但作为东风的她此时却犹豫了。经过一次爱情的伤害，她深知爱情善变的特性——爱情随时会变化。

"远距离恋爱本来就会冲淡恋情热度，我对爱情的态度是不强求的，也不想要有压力与争吵。两个相爱的人，不一定要永远在一起。"她果断地结束了与他的两年恋情，这一次她放手放得甘心且平静。曾经的她由于爱上一个男人而宁愿放弃全世界，如今的她宁愿为了一份好事业放弃一个好男人，因为她明白"不是我的我不要"的道理。假如爱情迟迟看不见未来，倒不如退一步，促成彼此的海阔天空。

半年后的她终于找到了她的情感归宿、终身的幸福。无论事业、家庭，她都经营得有声有色。她已经是3个孩子的妈妈，她就是知名主持人徐熙娣，一个洒脱的女人。

主动追求需要勇气，主动放弃何尝不需要更大的勇气。每个人，都可能会遭遇一次爱情重创，有人因此萎靡不振，有人因此脱胎换骨。精明如徐熙娣，与其为一个错爱的人夜夜当哭，倒不如潜心修炼，等待一段对的情缘，让旧爱知道：没有你，我活得更好。放弃我，是你的损失。

莎士比亚曾说过："聪明的人永远不会坐在那里为自己的损失

而哀叹，他们会用情感去寻找办法来弥补自己的损失。"在日常生活中，我们难免会遭遇挫折与坎坷，若是一味地沉溺于过去，只会令自己陷入越来越消极的情绪中。

懂得在适当的时候放弃，是洒脱的关键所在。有得必有失，这是人生的普遍规律。死守住一块地方，寸步不让，看起来是坚韧，其实是最不明智的选择。世界如此广阔，总有办法重新开始。失败抑或挫折，只是暂时的，何不潇洒地挥一挥衣袖，一笑置之。

做人要直率，忸怩作态没人爱

人们都喜欢跟说话简单明了、办事干净利索的人打交道；反之，如果遇到一个说话支支吾吾、做事扭扭捏捏的人，往往恨不得马上避而远之。

我有一个女同事，走在"奔三"的路上了，被家里催婚催得特别紧。

有一天，她母亲打电话过来问情况，顺便让她记几个电话号码，说是往后可能会有亲戚给她介绍对象。

可是，这位女同事一向认为家里亲戚给介绍的对象全都不靠谱，她被逼得没办法，只好央求我给她介绍一个。

她这么一说，我还真想起了一个比较合适的人选。我读研究生时的一个师兄由于忙工作至今未婚，前阵子跟他闲聊的时候，他也说到被家里催婚催得紧，让我帮忙留心一下。

想着两人条件差不多，我觉得正好可以撮合一下。于是把两人的基本情况都跟对方说了一下，我师兄这边说没问题，女同事那边也答应见见面再说。

之前有人告诫过我，千万不要在熟人之间牵红线，这完全是吃力不讨好的事儿。成功了还好说，不成功的话往往中间人就变成了里外不是人。当初我没把这句忠告当回事儿，等我醒悟过来的时候，却后悔莫及。

那天我让师兄和女同事约个时间吃顿饭先了解一下。我们公司上班是双休日制，除了有特别紧急的事情要加班外，周末一般都是空闲的，如果约在双休日，我那女同事肯定是有时间的。于是我打电话跟我师兄商量时间，他研究生毕业之后直接自主创业，现在的公司虽然规模不大，但也发展得不错，他有时很忙，工作没有定点，这应该也是他至今单身的重要原因吧。

电话接通时，他匆匆跟我说了一句"正在忙"就挂了，对于这样的情况，我早已经见怪不怪了。不一会儿，他忙完给我回了电话，我们两人关系还比较好，没说那些客套话，师兄直接说他去订吃饭的地方，到时候把地址发给我。

我本来觉得这顿饭没我什么事，结果周末我准备好好补个觉的时候，硬是被那个女同事给吵醒了，她让我到她家帮她打扮一下。

到了她家，从发型到穿着，再到配什么鞋子，拎什么包……她全都要征询我的建议，我花了大概三个小时才帮她打扮好。

我师兄约的时间是十一点半，我看了下表已经十点五十了，就催促女同事赶紧出发。

女同事赖在沙发上，动了动，却没起身。她见我奇怪地看着她，就说："哎呀，急什么，还早呢。"

我以为她是太紧张了，于是又坐下来。十分钟后，她还是没有出门的意思。

我这才明白过来，她得等到我师兄打电话过来再邀请她一次，才肯赴约。正巧，师兄的电话打过来了，说他已经到了，问我们到哪儿了，我只得说已经出门了，一会儿就到。

听到这个电话，我同事才起身。我恨不得拉着她跑起来，毕竟我不喜欢等别人，更不喜欢被别人等。

还好，吃饭的西餐厅离女同事的住所不是很远，我们到那儿的时候只比约定的时间晚了十几分钟。不过想到女同事头一次跟我师兄约会就迟到，我还是觉得有些不妥。幸好，这顿饭的主角不是我，坐了几分钟之后，我就借故离开了。

第二天上班的时候，我问女同事跟我师兄有什么进展，她说还算满意。我昨晚也问过我师兄的看法，他说对我同事的印象很好。我觉得两人有戏，以后就没再过多关注，让他们自由发展。

大概过了一个月,女同事突然冲我发牢骚:"你那个师兄怎么回事啊?上次吃了饭之后约了我两次就没动静了,他什么意思啊?"我也觉得事情不对,但当时还是赶紧解释说我师兄工作忙。

我又赶紧打电话问我师兄,没想到电话一通,我刚提起我那同事,我师兄就抱怨起来:"你那同事怎么回事啊?我本来对她印象还不错,打算继续发展,但是后来约了好几次她总说没时间,她到底什么意思啊?"听了这话,再想起之前女同事赴约前的情景,我总算明白了个中缘由。

其实两人都打算继续发展,但是我的这位女同事不知道出于什么原因,认为约会的时候男方应当一再邀请才能显示其诚意,所以再次接到我师兄邀约的时候,她就拒绝了两次。没想到,我师兄是一根筋,认为别人既然都拒绝两次了,肯定是不满意了,就没再联系。

想通之后,我本来还打算在两人之间调和一下,不过想到他们两人一个脑子一根筋,另一个又忸怩作态,估计现在解释清楚了,以后也还是会闹矛盾,最后就没再劝解他们。

这之后,我那同事又相了好几次亲,不过到现在也没成功过。我只能在她抱怨的时候,安慰地附和几句,却再也不敢给她介绍了。

有这样一种爱情观,它说:"如果我们之间有一百步的距离,你只要迈出那一步就好,剩下的九十九步由我来完成。"有时我不敢苟同这句话，两个人若是想早日携手向前，不是应该共同向前走五十步吗？这样才能早日遇见。你扭捏着走出一步，眼看着自己喜欢的人走九十九步，那我只能说，你不够爱。

懂得倾听比能说会道更重要

在生活和工作中,我们羡慕、欣赏那些能言善辩、侃侃而谈的人,也希望自己能够像他们一样。可是,我们常常忘记了倾听。倾听,是双方进行有效沟通的必要成分,它并非像我们以为的那样,只是一个人在单纯地用耳朵听,而一个人在不停地用嘴说。倾听需要全身心地去感受,感受对方在谈话过程中表达的言语信息和非言语信息。

然而,我们最常见的是唠唠叨叨、说个不停,或者伶牙俐齿、咄咄逼人的人。

为什么安安静静坐下来听别人说话的人很少呢?最大的原因就是,我们总是偏爱那些能说会道、看似情商高的人,却忽略那些沉默寡言的人。在大部分人的认知里,能说会道的人都是精明的,比如,在招聘时,很多面试官都会看重面试者的说话能力。

其实，能说会道的人虽然受人偏爱，但是懂得在适当的场合保持沉默的人更容易受到别人的尊重和欢迎。

李婉茹是一个非常安静的女子，她跟别人交谈时喜欢听别人说，自己却不怎么说话。令人意外的是，李婉茹有很多善于交际和说话的好朋友，这也让李婉茹身边的人感到非常不理解。其实，原因很简单，她非常善于倾听。

有一次，李婉茹受邀参加一个关于动物保护研究的宴会。会上有很多人都热爱动物，而且对动物保护方面的问题都有一定的研究。李婉茹对这方面了解得并不多，但是她非常感兴趣，所以当那些人侃侃而谈时，她一直在认真地倾听，并时不时发表一下自己的见解。等到宴会结束后，李婉茹收到了好几个人的邀请，请她参加下一次聚会，甚至还有人夸赞她是一个"极富鼓励性"的人，是一个优雅的女人。

在动物保护方面，李婉茹是一个知识非常匮乏的人，在宴会上没怎么讲话。但是，就因为她懂得倾听，很多人愿意和她做朋友。由此，我们知道，会说话的人固然受人欢迎，但有的时候，懂得倾听的人才更受人喜爱。

现今社会，很多人都在参加各种演讲补习班和线上的付费口才培训课，希望自己变得越来越能说，希望凭借自己的"三寸不烂之舌"让生活越来越好。

当我们与人交谈时，一般都会"恭维"别人一番，但有的时候，与"说"相比，人们更需要的往往是"听"。对一些人而言，倾听，才是对他们最好的"恭维"。

如果有人在仔细地、安静地听我们讲话，一直对我们的讲话保持着浓厚的兴趣，我们才有更大的动力维持这场谈话。

雷哥是一个能说会道的人，他随机应变的能力经常让旁人为之折服。但很不幸的是，雷哥的朋友非常少，他自己也非常困惑。后来，经过别人仔细分析，雷哥才发现，导致他没有朋友的最大原因竟然是自己"太能说"。

确实是这样，雷哥随便拉个人都能说上大半天，他太能说了，经常是一说话就"刹不住车"，自己一个人说个不停，别人却没办法插嘴。

此外，雷哥虽然能说，但说的都是一些虚无缥缈的废话，别人听了半天也没有从中收获到什么，还浪费了时间。长此以往，自然就没有人愿意听他讲话了。

生活中，有一群像雷哥这样的人，他们在讲话的时候，并不关心听众是否喜欢、听众是否对这个话题感兴趣。他们只是一味地在讲自己感兴趣的事，或者完全依靠自己的思维方式来表达，发泄自己想要说话的欲望。整个过程，始终是他一个人在说话，这当然是社交大忌。

在一家报社做记者的马先生,曾采访过很多知名人士。每次采访完这些名人之后,他都能与之成为朋友。如果问马先生有什么秘诀,得到的答案很简单,就是认真地听他们讲话。马先生说:"现在,很多人之所以不能给人留下好印象,就是因为他们不懂得倾听。一些名人曾经告诉我,他们不太喜欢滔滔不绝的人。可生活中偏偏就是有些人,不明白这个道理,总是拼命地想表达自己,而不给他人讲话的机会。让他们听别人讲话,简直是太难了。"

可见,我们要想让自己成为受欢迎的人,除了懂得说话的技巧外,还应该学会倾听。

倾听是一门艺术,它不只是简单地听与不听。倾听者对于谈话所投入的精力,并不比说话者少。当别人滔滔不绝地讲话时,你要认真倾听,还要不时地做出积极的回应,表现出你的喜欢和尊重,这样对方会觉得你很亲切、善解人意。这对于每一个想要给对方留下好印象的人而言,都是必不可少的技巧。

把好脾气留给亲近的人

网络上有这样一句流行语:"我们最大的错误就是把最差的脾气和最糟糕的一面都给了最亲近的人,却把宽容和耐心给了陌生人。"

第一次看到这句话时,我有一种一语点醒梦中人的羞愧,相信很多人都有同样的感受。我们总认为,最亲近的人最理解我们,最关照我们,即使我们犯了错,他们也不会怪罪我们。因此,我们对亲密的人往往最苛刻,丢掉了对他们应有的尊重和耐心。

前不久,一个朋友约我出来喝酒,看样子像是有什么烦心事。果然,一到酒吧,朋友就跟我大吐苦水,说打算跟爱人离婚。

我大吃一惊,不解地问:"怎么回事?你们结婚才一年多,你爱人对你那么好,为什么要离婚?"

朋友闷闷不乐地说:"你怎么知道她对我好?"

我说:"虽然我不太了解你们的家庭生活,但是每次你带她出来的时候,她对你的关爱那是大家有目共睹的啊。就说前一阵你们结婚一周年纪念日吧,虽然是在酒店举办的庆祝会,但你爱人却从家里带来了你最爱吃的松鼠鳜鱼。还有国庆节你邀请一帮朋友出去旅行,路上你爱人又是给你剥石榴吃,又是给你削苹果吃,对你是万分照顾,看得我们一帮人羡慕不已。另外,你也曾亲口跟我说,你是个马大哈,东西总是乱放,你爱人每天都耐心地给你归置好;你出门上班时,你爱人会帮你整理好领带,打理好头发。有这么好的爱人,你还有什么不满足的呢?"

朋友叹口气说:"你看到的都是表面现象,家家都有本难念的经啊,你不知道,她现在对我是百般挑剔,常常嫌我电话打得太多,打扰她工作;动不动就抱怨我挣得太少,房贷只能勉力维持;还总是在我面前夸赞她的一个男下属。唉,说到她那个男下属,我真是气不打一处来。经过秘密调查,我发现她跟那个男下属关系非同一般,经常在公司亲自给男下属煮咖啡,吃饭也凑到一起。更可气的是,她跟男下属在一起时就特别活跃、特别健谈,回到家就成了'自闭症患者',就知道捧着手机找乐儿,要么对我的话充耳不闻,要么就呵斥我闭嘴。我猜啊,她八成是出轨了,爱上了那个男下属。这种事谁能忍,我一定要和她离婚!"

听了这番话,我更是惊讶,在我的印象中,朋友的爱人绝不会做出行为不检点的事来。我猜,这里面一定有误会。于是,我试探着问:"我听说过一句话,即便是分手也是两个人的错。你现在觉得爱人犯了错,难道你就没做错什么吗?刚刚你说你做过秘密调查,我猜这里面应该有内情吧。"

朋友愣了一下,说:"要说内情,我确实也有做得不对的地方。我这人吧,有点多疑,喜欢偷看爱人的手机。"

我说:"这就是你的不对了,你这种行为明显是对爱人的不尊重以及对婚姻的不信任。正因为你多疑,想必你平时也没少给爱人脸色看吧。"

朋友说:"嗯,平常对她乱发脾气那是少不了的。"

我说:"你现在处于理智混乱期,我劝你还是静一静,把事情搞清楚再做决断吧。"

朋友虽然喝了点小酒,但对我的话还是赞同的,跟我说那就再观察一段时间。

后来,朋友又找到我,说他确实误会了爱人。原来他爱人跟那个男下属在做一个大项目,他爱人平时煮咖啡犒劳一下男下属也无可厚非,而且他爱人跟男下属即便是一起吃饭也在讨论工作,根本没做什么出格的事。

现在,朋友一改多疑的毛病,他爱人也认识到因工作忙碌而忽视了丈夫,两个人各自检讨,又重归甜蜜的生活。

其实,越是面对亲近的人,双方的感情越容易出现裂缝,产生隔阂。这是因为,我们总在潜意识里最先忽略亲近的人。

父母和同事同时邀请你周末一起吃饭,你在心里说,还是答应同事吧,毕竟关系到人际关系,父母那里说一下他们一定能够理解,以后再孝顺他们也不迟。

爱人找你看电影,老板同一时间找你去公司处理业务,你断然拒绝了爱人,跟她解释说你现在的努力全都是为了她,希望她能理解。

好朋友和客户同一天找你有事,你以前途更重要为由说服自己打发了好朋友,欣欣然地去见客户。

正是因为亲近,你肆无忌惮地冷落了身边亲近的人。你认为,以后有的是时间补偿亲近的人,而生命中的过客一旦错过就不在,所以还是先顾及那些过客吧。

对你而言,亲近的人意味着好说话,懂包容,会义无反顾地支持你的选择。可是你忽略了一点,人与人之间的交往,即便是跟亲近的人,也需要互相尊重。如果你一直忽视亲近的人,亲近的人迟早会对你变得冷漠。

所以,面对最亲近的人时,一定要记得调节负面情绪,收敛不好的习惯,尽可能把最好的一面展现在他们面前。否则,如果连最亲近的人都对你冷了心,这世上你还能温暖谁呢?

幽默决定一个人的魅力

每个人都想成为一个有魅力的人,但魅力来自哪里呢?可能源自得体的服饰、亲切的笑容、儒雅的个性……还有,如果能同时再多一点幽默,那就更能彰显魅力了。

幽默的人是豁达乐观的。现代人面临着家庭、事业的双重压力,极容易陷入一种压抑的状态中。而具备幽默能力的人则能借助幽默的语言,合理、适度地调整自己的心情,从而既没有"储存快乐、过时作废"的担忧,也没有"怨艾郁积、累累成愁"的隐患。

幽默的人身上时刻彰显着一种豁达的气度,乐观的风采。在幽默的影响下,他们的魅力变得清晰起来,有了生动的韵味。

幽默的人是自信迷人的。自信是最有魅力的表情,而幽默恰恰展示了一个人的自信。那些拿自己的缺点劣势自嘲的人,看似是自己看不起自己，实则是相信自己，不畏惧自己的缺陷被人评说。那些在困境中犹可以谈笑风生的人，无疑是开朗豁达的，必定会受人喜爱。

幽默的人是热爱生活，积极向上的。幽默是一种健康的品质，更是一种生活的情趣。所以，我们能从幽默的人身上感受到他对生活的热情。

在快节奏的现代社会中，生活的压力是无处不在的，没有谁愿意看到一副死气沉沉的面孔。如果我们面对的是一个幽默的人，那我们的疲惫心情就会得到缓解，畅快起来。

幽默的人是聪慧机敏的，因为幽默是一种随机应变的能力。具有幽默能力的人，能够用幽默化解尴尬，缓和矛盾，令人称奇、叫绝。

著名主持人杨澜曾在广州担任一场文艺晚会的主持人。杨澜上场时，一不小心踩空，滚落到台下。

意外一出，满座哗然，一些观众甚至还吹起了口哨。登台亮相时的马失前蹄可以说是主持人遭遇的最大尴尬，因为意外摔倒带给观众的滑稽感觉破坏了晚会的演出气氛，也有损主持人的公众形象。

然而，杨澜镇定自若，重新上台，笑着说："真是人有失足，马有失蹄啊，我刚才的'狮子滚绣球'还不够熟练吧？看来这次演出的台阶不那么好下啊,但台上的节目会很精彩。不信你们瞧他们……"

杨澜出丑后,并没有刻意回避尴尬,而是利用风趣、机智、幽默的话语巧妙地摆脱了困境。紧接着一句"狮子滚绣球"的幽默自嘲,化解了观众不友善行为引发的尴尬。最后,杨澜利用台下和台上的关联,顺势引出精彩节目,把观众的注意力转移到节目中来。杨澜的幽默应变,不得不让我们叫绝。

幽默是让我们增添魅力的要诀,但幽默不是一件容易的事情,需要我们好好学习。

我们要弄清什么是幽默,领会幽默的内涵。要知道,幽默不是油腔滑调,不是嘲讽,不是插科打诨,而是思想、学识、品质、智慧和机敏在语言中的运用。

正如作家王蒙所说:"从容才能幽默。平等待人才能幽默。超脱才能幽默。游刃有余才能幽默。聪明透彻才能幽默。就是说,浮躁难以幽默。装腔作势难以幽默。钻牛角尖难以幽默。捉襟见肘难以幽默。迟钝笨拙难以幽默。"

我们要有豁达的心胸。心胸狭窄的人很难成为一个真正意义上的幽默的人。那样的幽默,很可能是让人不舒服的尖酸刻薄。实质上,幽默是一种宽容的精神表现,所以要做到真正幽默,应该抛弃那种事事斤斤计较的做法,用乐观、豁达的心态看待事情,尤其在逆境中更要从容乐观。

我们还要扩大自己的知识面。幽默是以丰富的知识为基础的，只有有了广博的知识，才能自由联想，妙言成趣。因此，我们就要不断地充实自我，增长见闻。多读、多看、多听、多学。同时，我们还要提高观察事物的能力。一个人若能迅速敏捷地捕捉事物的本质，才能用诙谐的语言，令人们产生轻松的感觉。

幽默如此重要，让我们尽快掌握这种能力吧！

爱笑的人，运气从来不会差

微笑，乐观者的秘密武器。想要成功，微笑这一款武器必不可少。

微笑，嘴角上扬45°，露出整齐划一的贝齿，让全身的细胞都随着这个简单的动作而律动着，你肯定觉得这样的方式很美好。

你可以看看身边的人，面对困难，第一个微笑的人一定是乐观的人，而且总能想到办法，把问题解决掉；面对困难，摆出一副苦大仇深表情的人，会把所有情绪表现在脸上，担心事情发展的走向，埋怨自己做得不对，时间就这样流失掉了，机会也这样溜走，与其让机会溜走，不如让我们每天多些微笑。

你肯定想说，微笑有什么困难的，你可以，他可以，我也可以，只需要嘴角微微上扬就可以了。如果我现在做不到，我也可以学习礼仪小姐，咬着筷子练习，但是我们要知道，微笑不单单是一个表情那么简单，更是我们积极情绪的一种外在表达。

微笑之所以会得到所有人的喜爱，最主要的原因就是真诚的微笑会给人一种非常强的感染力，而不是一种机械化的信息传达，把微笑简简单单挂在嘴角，就会像商店里摆放的塑料花，显得非常虚假，却没有丝毫生气。用心去微笑，不仅能够打动别人，更能够打动自己。

有一家航空公司要招聘空姐，许多美女听到这个消息，喜悦之情溢于言表。在面试之前，她们做足了功课，每天都会对着镜子练习微笑，有的美女还会咬着筷子让自己努力挤出笑容，这些面试者知道，在海拔高的地方服务，这种笑容是必须具备的素质。

但是没想到面试时，面试官却转过身去，背对着他们提问。美女们错愕不已，面试官解释说："请各位原谅，我背对着你们面试，并不是我不尊重你们，而是为了从心底感受到你们的微笑，希望能够体会到你们对这份工作的热情。你们要知道，我们招聘的岗位最开始的工作内容是要用电话和客户沟通的，比如乘客需要预约、取消、更换航班，等等。所以，你们的微笑不仅需要被他们面对面地认可，更需要让客户在看不到你们的情形下感受到你们的微笑。

从这场招聘中，我们肯定看到了些什么，学到了些什么：微笑不单单是积极情绪的一种外在表达，更是我们内心世界的一种直观呈现。微笑能让人与人在麻木的内心之间搭起一座充满阳光的桥梁，有了阳光的桥梁，喜欢微笑的人才能迅速走进身边人的内心，才能让对方成为我们身边的朋友。

成功人士都是喜欢微笑的人，微笑了，机会才会来到。世界上那位非常成功的销售员吉拉德就是一位喜欢微笑的人。当有人问起吉拉德取得如此大的成就的秘诀时，吉拉德笑着说："微笑可以增加你的价值。你要知道，看你的面部表情很重要，它可以随时拒人千里之外，也可以随时让陌生人成为你的朋友。"

你的苦闷无人能懂，但是你的微笑，我们都懂。你的微笑会为你的印象分加分，会让你在谈笑之间战胜竞争对手，也会帮助你打开一扇隐形的成功之门。

有一家花店坐落在一座城市的市中心，来往顾客非常多，为了应对这样的情况，店主决定高薪聘请一位售花小姐来解决燃眉之急。

在招聘广告上，店主并没有写很多约束条款，前来应聘的人络绎不绝。店主左挑右选，最终确定了三个人，让她们分别试用一个星期，然后再确定最终的人选。这三个女孩都非常漂亮，但是她们的优势却不尽相同：

第一个女孩有过售花经验，她在另外一家花店已经卖过五年花，她觉得这份工作已经是囊中之物了；

第二个女孩则是一名花艺科班毕业的学生,她认为这份工作正是她多年来学习成果的试金石,所以,这份工作她势在必得;

第三个女孩则是一个孩子的妈妈,在应聘这份工作之前,她一直在家带孩子,现在,孩子上幼儿园了,她也就解放出来了,但她没有什么实际经验,更没有前面两位应聘者多年的经验或系统的理论知识,但是她还是希望能够抓住这次机会,让自己有一个工作锻炼的机会。

一个星期的考验开始了,三位美女有着迥异的表现:

第一个女孩因为有经验,就向来买花的顾客不停介绍着各个年龄段的人该送什么样的花,而且不停说着每一种花的花语。每一位光顾花店的顾客,她都能说服对方买下一束或者一篮花,一个星期下来,她的销售成绩非常不错;

第二个女孩在这一个星期里则充分发挥出了她的系统理论知识,从插花工艺到插花所耗费的成本,她都细致入微地计算好,有了专业知识的基础,再加上她的细致,一个星期结束之后,她的销售成绩也非常不错;

第三位妈妈级的美女在这一个星期中则显得有些茫然,她不知道自己首先应该做什么,但是她的嘴角经常是上扬的,经常挂着灿烂的微笑,这样的微笑让她由内而外展现出了一种对生活、对工作的乐观态度。有一些已经凋谢的花,她舍不得扔掉,就把它们修剪再修剪，免费送给路过的学生，而且每一位买花的顾客光临时，她都会微笑应答，并且当他们买完花离开时，她还会微笑着说一句"送人鲜花，手有余香"。顾客听到这句话，也会回应她一抹微笑，然后带着愉悦的心情离开了。

一个星期之后，店主选择录用了这位妈妈级美女，虽然她的销售业绩远没有前两位美女好，但是店主却认为，她的微笑足以打动身边的每个人，微笑是一种特殊的情绪语言，它可以和语言、行动相结合，达到完美互补的功效，让身边人能够感受到一种向上的力量。

老板为什么会选择这位妈妈级的美女，那我们就要从他优先考虑一名合格员工的素质是什么上来分析了，她的销售业绩那么差，和其他两人比，她是那么黯然失色，但是我们肯定发现了她的特质——微笑。我们要明白：售花的经验可以慢慢积累，花艺也可以慢慢去学，但是售花时的愉悦心情是学不来的，它是一个人对生活、对工作的一种乐观态度，是一种走进人心的高尚品质……正如老板所预言的，三个月之后，这位妈妈级美女积累的顾客群越来越广，很多第一次购买花的顾客都成了她的老顾客，而她的销售成绩也是成几何级数向上增长。

在竞争对手面前，微笑会起到非常重要的作用，微笑会让我们更加淡定，会让对方更加慌乱。如果我们想战胜对手，那就发自内心地去微笑吧，因为微笑是聚集人气的通行证。现在，让我们露出贝齿，让善意的微笑飞舞起来吧！这样不仅可以拉近彼此之间的距离，还可以让对方感觉到你的亲和力，长此下去，你的人际交往能力就会因为微笑而越变越强。

你不是机器人，不要总是面无表情地工作、生活。见人先微笑，就是一个好的开始。如果实在找不到合适的话题，点头微笑就足够了。

从成熟的角度接纳别人的批评

生活在弥漫着浮躁气息的环境里,我们会不由自主地陷入忙而烦的应急状态中,就像被生活的急流所裹挟。心浮了,气就躁了,性情也会变得敏感,听不得任何负面评议的话。一旦有不顺和自己的声音,心里就忍不住生气,难受很久,不得平静。

江明就是一个敏感至极的人,这样的性情给他的工作和生活制造了不少麻烦。

进入新公司之后,渴望出头的江明,凡事都想比别人做得快、做得好。他本身是有能力的,这一点主管在试用期内就发现了。为了提拔他,主管在他转正之后,又增大了他的工作难度,要他每周开发选题,做好采编。难度大了,问题肯定就多了,出错的概率也大了。

身为主管,指出和纠正下属的错误,纯属分内之事,可江明却接受不了。主管批评他近来做的内容有些单一，少了点新意，他的心情便一落千丈。江明觉得，主管明知时间很紧张，却还总是挑三拣四，这是在有意刁难他，因此他心里愤愤不平。

接下来的日子，江明变得更加敏感多疑了。但凡开会时，主管说话稍微带点提醒的话，比如"最近工作量大，大家要坚持一下，工作时不要懒懒散散的"，江明都觉得这是在说自己；就连主管嘉奖某个同事，他听了也难受，说嫉妒也好，但更多的是感觉主管暗指自己做得不够好。

每天背着巨大的心理包袱，江明对工作没了兴致，出的错也越来越多。越是着急，心里越浮躁；越是浮躁，越发敏感。他不知道自己该不该继续做下去，继续留在公司，心里纠结不安，总觉得别人处处针对自己，做事也有心无力；就这样辞职，心里又不甘，就好像真的承认了自己能力不行。何去何从，成了一道让他夜不能寐的难题。

很多人也都有着类似的毛病。一句善意的批评，也会击垮脆弱的心灵。如此敏感慌张，怎能经受住数十年人生的风雨坎坷呢？对于批评这件事，实在无须太敏感，因为它太平常，也太正常。无论你是谁，身份地位如何，终会有人对你不满意，批评的声音也少不了。

得到别人的认可固然重要，但得到自己的认可更重要。不奢求别人给自己积极的评价，不愤怒别人给自己的不良评价，是一种大度，一种豁达，一种宽心。要做到这一点，就得学会容纳别人的评价，只有这样，才不会轻易生气。

面对难听的批评时，不要急着反唇相讥，而是冷静地自我反省。毕竟，一怒而起，火冒三丈，根本无济于事，反倒会让人讥笑你没有涵养。

爱默生说过，如果我们将批评比喻为一桶沙子，当它无情地撒向我们时，不妨静下心来，在看似不合理的要求中，找到让我们进步的"金沙"，在批评中寻找成功的机会。

当不同的声音涌向自己时，要学会不动声色，不被干扰，既不全盘接受，也不会一概不听。生气的那一刻，冷静地问问自己："他说的是不是事实？"有则改之，无则加勉。这样一来，就能在别人的评价中提升自己。

面对有悖事实的批评，要想开一点，学会放下。如果一听到恶言恶语，就气得暴跳如雷，完全丧失了理智，跟对方谩骂纠缠，结果不是更加糟糕吗？对付坏人的恶语言辞，不为所动，包容忍耐，是最好的回应。

面对那些有损自己形象与人格的言语，依然要保持理智，但这并不意味着要默认，必要的时候要为自己澄清，据理力争。只是，回击的时候要用正确的手段，不必生气，不必怀有仇恨的心理，只要捍卫自己的尊严即可。

这个世界充满浮躁，我们无须随波逐流。稳住自己的心，不管别人说什么。也许那些话带着指责，会打击你的自信，可你要知道，每个人都有自己的立场和看法，他人的看法不是真理，甚至不是事实，真的不必为此萎靡泄气、烦恼不已。

做自己喜欢做的事，按自己的路去走，这才是最明智之举。只要自己努力奋斗过，外界的评说又算得了什么呢？

女人若能柔弱,何须动用坚强

韩剧《密会》中多次出现这样的场景:

优雅得体的女主角经常深夜才下班,她将车开进家里的车库,却不急于踏入家门,而是慵懒地靠在车座上,给自己些许的独处时光,再强打精神下车回家。

女主角是某艺术财团的会长,白天斡旋于公司的各种事务,晚上回家还要照看丈夫和孩子。

表面看来,女主角是个风光无限的成功女士,可她心里的苦楚,又有谁能理解呢?只有她自己知道,她所享有的一切荣耀,靠的全是死撑。

宋丹丹有句小品台词:"做女人难,做'名女人'更难。"

所谓"名女人",除了大众心目中的女演员外,放诸常人视角,通常就是女强人、"女神""白富美"。

她们为人们所仰慕，而人们对她们的定义往往是高冷、强势、难以接触、爱慕虚名。要知道，她们毕竟是女人，也有柔弱的一面，需要别人关怀、爱护、尊重，而不是像花瓶一样被人消遣。

对女人而言，天性中的小虚荣、小傲娇，很容易生出公主情怀和女王情结，没来由地任性一回、霸气一下，其实是惹人欢喜的。不过，在漫长的时光中，大多数女人给人的感觉依然是娇柔的，也难怪人们说撒娇的女人最好命。

可惜，生活的多元化，让当代女性的压力越来越大，不得不去独当一面，成为雷厉风行的"女汉子"。

这种转变，相信身为女人的你也能感同身受吧。即便你想"遗世而独立"，也会被瞬息万变的社会所驱动，披甲上阵。

女人强大起来，确实是件好事，这样会有更多的选择权和自主权，不必再沦为世俗的男人的附属。可令人痛心的是，有些女人误以为强大就是强势和凶狠，便极力把自己装扮成咄咄逼人、不可一世的样子。即便她们内心是脆弱的、空虚的，也要去逞强、去强求。

已故的英国前首相撒切尔夫人是世人公认的铁娘子，有一次，她回家时打不开门，便敲着门大喊："快开门，我是英国女首相。"

她的丈夫丹尼斯·撒切尔爵士就在家里，却迟迟不给她开门。撒切尔夫人很快明白了过来，一边轻声敲门，一边温柔地说："亲爱的,我是你的妻子玛格丽特,请给我开门吧!"

丈夫马上打开门,亲昵地将她迎了进去。

即便是撒切尔夫人这样的女强人,也自有她温柔的一面。她知道,强势解决不了所有问题,身为女人,回归温柔才是最动人的。

作家王珣说:"女人太强势会滤掉温柔,女人太独立会缺少宽容,其实这也是把双刃剑,会一再伤到自己。为什么非要把坦诚掩盖在尖锐里?为什么非要把善良隐藏在功利下?为什么非要把柔软坚挺成身上的刺?又为什么非要把忧伤深埋在不长久注视就看不见的眼底?女人强势原本也不是什么错,但如果说是生活的无奈和男人的软弱把你'逼'成了这个样子,那就成了做女人的遗憾。"

很多时候,女人们确实是在刻意让自己变得强势起来。她们以为这样会更有安全感,会得到更多人的认可,会被世界温柔相待。可是,如果女人一味地假装坚强,连真实的自己都不敢表露,即便能获得众星捧月般的表象,又有什么意义呢?

有一期《金星秀》,做客嘉宾是金马影后、全能辣妈秦海璐。她是个外表看起来很坚强的大女人,为此,主持人金星特意夸奖了她。可是,她却说了一句让金星和观众都动容的话:"我特别不喜欢用坚强来形容女性,用这样的一个形容词来形容,其实对女性来讲,是非常非常残酷的事情,若能柔弱,谁须动用坚强呢?"

是啊，女人若能柔弱，何须动用坚强？其实，没有哪个女人天生就很坚强，更不会表现得强势。她们披着"坚强"的外套，告诉别人"我过得很好"，只是想掩饰内心的无奈与落寞。世间时有坎坷，岁月时有薄情，人生时有波折，不坚强，她要怎么活下去？如果能像蒲公英一样，柔柔弱弱，依然能徜徉于天地间，谁愿意像刺球一样，拼命让自己有所依附。

坚强是这个时代给女人的附加属性，而以柔克刚才是女人自带的必备技能。真心希望所有女人都能释放温柔天性，多一些笑靥如花，少一些歇斯底里；多一些恬淡优雅，少一些颐指气使；多一些自信从容，少一些尖酸刻薄。最重要的是，她们不是为了讨好谁，也不必去取悦谁，而是回归原本的样子，做真实的自己。

欣赏而不拥有，未尝不是另一种享受

　　林媚是个典型的物质主义者，似乎没有什么东西是她不想拥有的。

　　那段时间，她看上了一套地段不错的房子，很想买下来。在房价高涨的今天，买房是件不容易的事，首付太高，月供太高，物业费太贵……可是一想到房子的位置不错，出租后能为自己赚来不少钱，她就控制不住自己的欲望了。

　　不过，买下房子不久，她就后悔了。市中心生活成本太高，不少人都把租房的目光放在了郊区上，自己的这套房子租金要七八千，很难一下子就找到合适的租住户。可是，房贷每个月都要还，她的工资基本上全都要拿来还贷，生活压力顿时大了许多。为了这件事，她不知道自己生了多少回气，怪自己当初头脑发热，没想到这样的结局。

爱美的林媚，对珠宝首饰也是颇为喜爱。一次，朋友戴了一个宝石戒指，在她面前显摆了半天，让她觉得很不舒服。为了出这口气，她破费了半个月的工资买了一个蓝宝石戒指。后来，她又相中了一条项链，但因为价格太贵，她一直犹豫，可是每周又忍不住去珠宝店转转，最后，她又没能控制住自己的购买欲，动用定期存款买下了那条项链。

某日，林媚接到电话，得知阔别多年的朋友要从外地过来。她精心打扮了一番，打算尽一尽地主之谊。席间，朋友说道："吃东西的时候半饱是最好的，胃很舒服，会有一种意犹未尽的感觉。有十几年了吧，我也一直在用'半饱'的方式来生活，不管对感情还是对物质。"

朋友的工资不高，结婚十几年才按揭买了第一套房，生活上从不盲目追求档次、奢华，只要舒服就好。望着眼前这个说话慢条斯理的女人，她突然觉得，这才是真正会生活的优雅女人。虽然自己戴着蓝宝石戒指和昂贵的项链，可在这个朴实无华的女人面前，它们都显得黯然失色。回顾自己这些年的生活，就像是在赌气——别人有的我要有，别人没有的我也要有。想要的东西，大部分都想尽办法得到了，可在追求的过程中却疲惫不堪，得到了之后也没有预想的那么开心，有时还给自己惹来了新的烦恼，成了极度浪费和奢侈的人。

也许，是该修剪一下自己的欲望了。林媚决心换一种方式来生活，体验别样的满足感：换季的时候，不再只看最新款的大牌服饰，而是本着适合自己的衣装来选择；旅行的时候，不再只为了面子去追随别人的脚步，而是选择自己真正喜欢的地方，并为自己制定预期消费，体验穷游的乐趣；至于名车、璀璨的珠宝，感兴趣的时候欣赏一下，却不一定非要买，自己现在的车、现有的珠宝，已经完全满足自己的"需要"了。

适应了这样的生活方式后，她感觉自己的脚步轻盈了许多，再不必匆匆忙忙地朝着某个目标奔跑，情绪也变得稳定了，没有了大起大落，没有了失望沮丧，更不会为了得不到的东西而生气。欣赏而不必拥有的态度，让她变得坦然，活得轻松。

萧伯纳说："人生有两大悲剧：一是没有得到心爱的东西，另一是得到了你心爱的东西。"

乍一看觉得这句话有点晦涩难懂，可仔细玩味就不难发现，它说的正是"占有"的心理：得不到心爱的东西时，把它想得太完美，那种极度的渴望和无法实现的失落，让人觉得苦恼压抑；得到了心爱的东西之后，却发现也不过如此，便再没了当初的那份神秘，心里倍感失落。说到底，一切还是内心的欲望和贪婪在作祟。其实，有些东西，不是必需，或是求而不得，那不妨静静地做个旁观者，去欣赏它的存在。

地铁很拥挤，萧雅站在靠车门的地方，发现旁边座位上的一个女孩正在看几米的漫画。她好奇地望了一眼，那一页的漫画情景是：一个女孩牵着一只小鸭子在河边走，河里还有许多鸭子，自由地嬉戏。画面的下方，是几米配上的稚拙的文字："露露不会游泳、不会飞，她的鸭子也是。露露带着小鸭，天天到池塘边看别人怎么游泳、怎么飞"，刚好看到这里的时候，女孩翻页了，留给了萧雅一个问号。

一路上，萧雅都在猜想那幅漫画最后的一句文字，究竟写了什么？她尝试着补充，可总觉得不太对劲，完全不像几米的风格。

回家后，她忍不住上网查几米的漫画，终于找到了这幅漫画，原来它叫《露露的功课》。她急切地看最后的一句话——噢！在"……天天到池塘边看别人怎么游、怎么飞"的后面，果然是一句令人茅塞顿开、值得铭记一生的话——"日子一样很快乐。"

面对自己想要却又求而不得的东西，那就快乐地欣赏它的存在，欣赏别人的拥有。如此，不致让生活沦于暗淡，不致让心绪陷于沮丧。这不仅是露露的功课，也是每个人一生都要努力去做的功课。

第四章

你要为自己而活，
也要为他人负责

太过高调，反而会让自己的人缘变差

日常生活中，时常出现这样的情形：有的人能力出众，但因为过于自大，让人感觉不舒服，所以别人都不喜欢他。这种人大都非常喜欢表现自己，总想让别人知道自己有多厉害，处处彰显自己的优越感，以便能获得别人的钦佩和认可，结果却丢掉了在别人心中的威望。正因如此，别人很难接纳他。

在人际交往中，那些目中无人、小看别人的人，常常招致别人的反感，最终陷入孤立无援的地步；而那些低调的人通常能赢得更多的朋友。

我曾在一家公司遇到过一位同事，我们之间交情不深，但他给我留下了很深的印象，因为他工作不到两个月就跟产品总监大吵了一架，最后被公司辞退了。

事情是这样的。

这位同事刚刚进入公司，公司老板就对他委以重任，让他主管产品包装。但是，这位同事在设计文案时，发现自己的顶头上司——产品总监对他构成非常大的阻力。因为这位同事所要修改的原方案，就是产品总监设计的。为此，这位同事很困惑，他不知道是该与总监进行协调沟通，争取把事情做到最好，还是放弃自己的设计方案，对总监投其所好。最终，这位同事下定决心，一不做二不休，全面推翻总监的设计方案。

产品总监是个好脾气的人，他很钦佩这位同事的才能，并未把这件事放在心上，两人相处得还算愉快。

可是，自从这位同事的设计方案得到了老板的赞同后，他就变了个样，经常对其他同事指手画脚，讽刺他们能力低下。更为甚者，他连产品总监也不放在眼里，动辄就说应该由他来当产品总监。

要知道，产品总监是公司的元老级人物，对公司作出过巨大贡献，岂是一个工作不到两个月的员工可比的。

这位同事见产品总监对他的话不置可否，就自认为产品总监怕了他，便越发嚣张起来。

最终，产品总监忍无可忍，向老板提议将这位同事调到公司分部去。这位同事自然不肯，就跟产品总监吵了起来。

老板对这位同事的行为也是看在眼里的，虽然很看重他的才能，但更在意他的态度。再三权衡下，老板辞退了这位同事。

总的来看，这位同事在刚工作时就得到老板的认可，算是一件好事。但是，他居功自傲，不知收敛，把人际关系搞得一团糟，最终自食恶果。

所以，一旦你成为众人眼中的焦点时，一定要低调行事，绝不能放任自己，这样才有可能博得众人的好感，建立良好的关系。

萧伯纳大家都不陌生，我看到过一则关于他的趣闻：

一天，萧伯纳的一位好朋友私下对他说："你说话幽默、风趣，经常逗得人忍俊不禁。可是大家都觉得，如果你不在场，他们会更快乐。因为你的锋芒实在太暴露了，你说话的时候，大家只好沉默不语。的确，你才华横溢，比别人略胜一筹。但是，如果你不注意收敛锋芒，长此以往的话，你的朋友将逐渐离开你。你仔细想想，这对你有什么好处呢？"

好朋友的话让萧伯纳如梦初醒，他感到如果不收敛锋芒，彻底改过，社会将不再接纳他，又何止是失去朋友这么简单呢？

所以萧伯纳立下誓言，从此以后，再也不向别人讲尖酸的话了，要把特长发挥在文学上。这一转变，不仅奠定了萧伯纳日后在文坛上的地位，同时也让他广受各国读者的敬仰。

萧伯纳的故事告诫人们：假如你的才能比别人高出很多，也不必故意张扬让别人知道。低调做人，当你与别人共事时，就会有很大的回旋余地，这是一种不可缺少的自我保护，也是一种令人钦佩的内在气质。从另一方面看，低调的人之所以能够得到别人的信赖，是因为别人觉得低调的人不会对他们构成威胁。

跟别人打交道，重在谦卑亲和，而一个自命不凡、傲慢无礼的人自然会受到排斥。

不要侵犯他人的心理气泡

在人际交往中,有些人待人很热情,自我感觉亲和力很强,但好像对方并没有受到其热情的感染,反而反应冷淡,这是为什么呢?

从心理学角度来讲,每个人都需要有私人空间,表现在外部环境上,就是需要和别人保持一定的距离。不同的人所需要的"距离"是不同的,有的人需要的少些,表现得也就不是很明显,甚至自己也会认为自己是"事无不可对人言",和朋友亲密到可以穿一条裤子。但有的人需要的这种心理距离或者说是"空间"就多一点,不愿轻易让他人触碰到。

举个浅显的例子,当我们去候车室等车的时候,看到休息区的长椅上还有很多空位,你是会坐到陌生人的身边呢,还是会保持一些距离坐得离他远一些呢?百分之九十以上的人都会选择坐得远一些。这就是因为有心理气泡存在的缘故，每个人都像是被包在这个气泡里一样，只不过气泡有的大有的小而已。

所以，要做一个受欢迎的人，就一定要了解这个道理，千万不能一厢情愿地靠近，以免不小心侵犯了他人的心理气泡。

有一个寓言故事：

冬天来了，天气变得越来越冷，鸟儿们都飞去温暖的南方过冬了，连松鼠都躲在树洞里不肯出来了。森林中有几只豪猪冷得直发抖，它们为了取暖就紧紧地靠在一起，可是它们不像兔子们那样柔软，可以聚成一团来取暖。豪猪的身上长着坚硬的长刺，当它们彼此接近的时候，那些长刺就会不自觉地张开，把对方扎得直叫唤。因为忍受不了彼此的长刺，它们尝试了几次后就都各自跑开了。

天气实在太冷了，豪猪们不得不再一次聚在一起，可是靠在一起时的刺痛使它们不得不再度分开。就这样聚聚散散，不断在受冻与被刺这两种痛苦之间挣扎着。

最后，经过多次尝试，豪猪们终于找到了一个适当的距离，既可以相互取暖又不至于被彼此刺伤，于是它们安安稳稳地度过了这个寒冷的冬天。

当然，心理气泡又分许多层，由于人们之间熟识的程度不同，所能接近的气泡范围也不同。比如说，我们去参加某人的婚礼时，来宾很多，有认识的也有不认识的，我们自然会选择和认识的人聚在一起。而这些认识的人里面，又可能分为不是很熟悉的人和比较亲近的朋友，那我们自然又会选择和亲近的朋友在一起。如果这些亲近的朋友里有一两个是我们的至交好友，那很显然我们最后一定是和至交好友挨得最近。在这里面，我们的心理气泡便分了多个层次，只允许最亲近的朋友离自己最近。

这个气泡代表着隐私和空间，人们一方面需要与他人建立亲密的关系，另一方面又需要心理上的自由，需要有一定的独享的心理空间。所以，我们在人际交往中，不论和对方关系有多好，也要保持一定的距离，给对方一定的心理自由空间。这种适当的距离，会使得彼此更舒服和自在，关系也会更融洽和谐。

奚奚觉得很烦恼，她是一名初三学生，可是她烦恼的事情不是准备考高中的事，而是自己的好朋友小惠。

奚奚和小惠从小学起就是好朋友了，像一对亲姐妹似的。小惠对奚奚非常好，要是看到奚奚面有忧色，就一定会打破砂锅问到底，而且遇事绝对会拔刀相助。可是奚奚偏偏受不了小惠这样，每次连她日记本里写了什么小惠都要问个清楚，去她家玩的时候也不把自己当外人，自己动手从奚奚的抽屉里找东西，这些都让奚奚有些反感。于是奚奚便下意识地疏远小惠，可是小惠很难过，饭也吃不下，整天眼泪汪汪的，这让奚奚觉得自己实在是太坏了，只好向小惠道歉，两个人重归于好。可是用不了多久，奚奚便又开始烦小惠的"缠人功"，之前的情景就又会上演一遍。久而久之，两个人都很痛苦。

其实奚奚的苦恼在成人社会里也是很常见的，我们常常会遇到这种人，我们能看到他们的好心，却难以接受他们的好意。这是因为，他们不懂得把握一个度，过分热情刺破了我们的心理气泡，令我们感到紧张和不适。

掌握人际交往的分寸是一门艺术，要尊重他人，就要尊重他人的隐私，尊重他人的生活，尊重他人的习惯，这不仅是人际交往的艺术，也是个人修养的表现。如果不能把握好这个度的话，往往会在不自觉中触碰到对方的心理气泡。毕竟彼此来自不同的生活环境，接受不同的教育，即使之间相似度再高，也不可能完全相同，无可避免地会存在差异。

亲人之间，距离是尊重；爱人之间，距离是美丽；朋友之间，距离是爱护；同事之间，距离是友好；陌生人之间，距离是礼貌。适当的距离是我们表达爱的最佳方式。没有距离的相处是一种自私的表现，因为只想着自己，而没有顾及别人的感受。所以，人与人相处需要尊重对方的心理气泡，给对方保留一定的心理空间，让对方处于安稳平静的状态中，也只有这样，友谊才会长久。

玩笑太过火，害了自己伤了别人

日常聊天中，基本上每个人都会开玩笑，都有过开玩笑的经历。所谓玩笑，就是玩玩闹闹，一笑而过。跟人交往时，开一个恰到好处的玩笑，可以缓解神经、活跃气氛、增进感情，所以那些幽默的人总是受到人们的欢迎。

不过，开玩笑也要把握尺度。有的人不懂开玩笑的尺度，经常忽视长幼尊卑、男女有别、场合氛围、习俗禁忌等因素，结果让别人非常尴尬，甚至引来别人的愤慨和唾弃。

比如说，愚人节是一个开玩笑特别集中的日子。原本，在这天大家开个玩笑，耍耍小把戏，寻个开心就可以了。可有些人开玩笑不注意分寸，以至于引来不必要的麻烦。

朋友陈先生就曾在愚人节这天被人戏耍过。他对我说，如果别人跟他开一个善意的玩笑，他完全可以接受；可如果玩笑开得太过分,他就没办法接受了,甚至会跟对方撕破脸。

愚人节那天,陈先生正在上班,突然接到邻居的电话。

邻居语气急促地说:"你快点到小区广场来,你的老母亲带着你儿子在广场做游戏,两个人被一条大狗咬了,情况挺严重的。"

闻听此言,陈先生慌忙跑出办公室,等不及电梯,就一口气从七楼跑到了一楼。途中,陈先生的手机又响了,邻居问:"老兄,你赶过来没有?"

"我到楼下了,这就开车过去。"

"你回去上班吧,不用来了。"

陈先生忙问:"怎么,你已经帮忙处理好了吗?"

邻居回答:"哈哈,你的老母亲和你儿子根本没事。今天是愚人节,拿你开开心!"

陈先生连惊带吓从七楼跑到一楼,累得全身衣服都湿透了,听闻邻居说只是在开玩笑,真是气不打一处来。从这之后,他跟这位邻居的关系冷淡了很多。

可见,开玩笑一定不能过火,玩笑开得不好反而容易伤害感情,甚至会惹上麻烦。开玩笑无非是想让别人哈哈一笑,而不是你一个人笑得前仰后合,别人却被你伤害了。因此,大家在开玩笑之前,一定要设身处地地为对方想一想,如果你认为对方会和你一起开怀大笑,不妨说出来把快乐一同分享;如果你也不清楚开过玩笑之后会有什么效果，还是免开尊口的好。

一天上午，公司的人来得都比较早，大家趁上班时间还没到，就闲聊起来。

女同事小菜跟大家说，她前几天配了一副近视眼镜，昨天晚上刚刚拿到货，觉得款式和效果都不错。大家从来没见过小菜戴眼镜，就让她戴上看看。小菜说，刚配的眼镜，戴起来还不适应，所以就没急着戴。她看大家满是期待，就从包里拿出眼镜戴上了。

大家打量一番，觉得小菜戴上眼镜后增添了几分文艺气质，纷纷夸赞起来。

这时，男同事大张对大家说，他看到小菜戴眼镜，突然想起一个笑话来。大张这人平时喜欢耍嘴皮子，大家猜测他说不出什么好话来，就都没接话茬。

大张却兴致颇高地讲了起来：

有一个丑姑娘到一家鞋店买鞋，试了好几双都觉得不合适。鞋店老板为了不失去这个顾客，就蹲下身来给丑姑娘量脚的尺寸。

谁知道，这个丑姑娘是个近视眼，她看到鞋店老板光秃秃的脑袋，以为是自己的膝盖露出来了，连忙用裙子把鞋店老板的脑袋盖住了。

这时，只听鞋店老板说："哎呀，怎么这么黑，是不是又断电了？"

虽然大家平时对大张印象不太好,但还是被他这个笑话逗笑了。因为上班时间到了,大家笑过之后就开始工作了。

奇怪的是,这之后,大家从未见过小菜戴眼镜,而且小菜再也没跟大张交往过。

其中的原因不言自明。在大张看来,他只是讲了个笑话,而小菜可能认为:别人笑我近视眼也就算了,还影射我是个丑姑娘,真是太气人了。

所以说,如果你开的玩笑让别人太难堪了,就失去了玩笑的意义,反不如不开。如果你觉得有必要跟别人开个玩笑活跃下气氛,就应把握好尺度,否则只能适得其反。

就我个人的经验来讲,开玩笑时应该注意以下几种情况:

一种是对方对玩笑的态度。每个人的性格都各不相同,有些人善于开玩笑,你越是跟他开玩笑,他越是觉得你在把他当朋友,这种人开得起玩笑;有些人恰恰相反,天生谨慎、拘谨严肃,你说得稍微过分一点他就当真,这种就属于开不起玩笑的人。对于后者,你最好不要轻易跟他开玩笑,万一他没笑,反而较真起来就不好了。

一种是不要揭对方的短处。就算你面对的是一位经得起玩笑的人,也别揭对方的短处。虽然有些玩笑哈哈一乐没什么,但是也要视对方具体情况而定。比如你讲了一个嘲笑胖子的笑话,身体较瘦的人听了就一笑而过，可是假如在场的人当中恰巧有一位体形较胖的人，他可能会觉得受了伤害，偏执点的也许还会认为你是专门针对他的。

一种是时机和场合。有的人平时非常喜欢开玩笑，但是在特定的时期，他可能会反感开玩笑。比如说某人最近生活上、工作上、感情上遇到了挫折，情绪变得很糟糕，或者他最近有亲人生病甚至去世等打击，你这个时候跟对方开玩笑，就显得不合时宜了。所以当你看到原本笑容满面的人，突然变得愁眉紧锁或者满脸忧伤，你在想和他开玩笑之前就得考虑一下。还有一些特定场合本身就不适于开玩笑，比如在殡仪馆里，面对去世者的家属就不可以开玩笑。还有一些特定的时期，比如某个地区发生大的灾难了，大家心情都很悲伤，也不适合开玩笑。

总的来说，与人交往，开玩笑的目的是博人一笑，如果你无法把握玩笑的尺度，还是不开的好。

过度热情反而让人对你敬而远之

可能是影视剧看得太多了，一些年轻人总是偏激地认为人心险恶，尤其是当他步入职场时，觉得自己会遇到没完没了的办公室斗争。为了应对这种情况，他往往会对所有人都很热情，生怕一不小心就得罪了人。其实，职场并没有这类新人想象中那么可怕，如果太过热情，反倒会让别人敬而远之。

职场既很看重利益又很看重界限，人们因为利益之争会变得很冷漠，也会因为尊重彼此的界限而保持适当的距离。过度热情的人虽然能够很好地克制心中的冷漠，却无法很好地尊重彼此的界限，以至于让别人对他产生戒心，总认为他的热心是不怀好意、另有所图。

职场中，一个过度冷漠的人是不太受人欢迎的；同样，一个太过热情的人则容易触犯彼此的界限。

我们公司业务部的许天，是一个性格开朗、乐于助人的人。对新人或者公司其他部门的人都是热情有加，因此人缘非常好。没想到，正是这种热情给他带来了不小的麻烦。去年的年会召开前，公司领导找许天谈话想委派他协助业务部赵经理在A市组建一个业务开拓部。这关系到公司在A市的业务建构，事关公司的发展。许天非常认同公司的决定，立马就同意了。

举行年会的时候领导宣布了这个决定，赵经理任业务开拓部主任，许天自然是副主任。赵经理属于成熟稳重型的人，长于进行事实分析和论证。而许天天生是个乐观派，信奉快速开始、积极实施，很快与新业务部的同事打成了一片。

新部门工作开展得不是很顺利，由于一切才刚刚开始，条件比较艰苦，员工工资不高，却几乎天天到外面去跑市场。大家虽然都很辛苦，但工作成效并不显著。

有一段时间，大家的情绪比较低落，对业务开拓部设立的必要性有些怀疑。这种情况让许天很是着急。尽管许天不是主任，但每天干完活，都会约几个同事到旁边的茶馆喝茶聊天，不是发牢骚而是探讨业务开拓部的发展对策。聊来聊去，让许多同事重新燃起了工作的信心，大家集思广益提出了许多很好的发展建议。

开拓部的日子眼看着一天天好起来了，但许天隐隐感觉到自己的工作越来越不顺利了。自己提出来的计划通不过，定好的方案实施不了……渐渐地,许天发现自己竟然成为业务部的"局外人"了。百思不得其解之后,许天敲开了老板的办公室。领导对许天的到来很是热情,问他有什么困难或好建议。

许天把自己的想法和顾虑和盘托出。领导也没有拐弯抹角,直接告诉许天,赵经理多次反映主任位置有点被许天架空的感觉,说许天整天请同事饮茶喝酒,是有意拉拢同事关系。许天回去后,仔细反省了这段时间的工作。自己作为副主任确实比主任的工作还积极,完全忽略了赵经理的存在。

工作中,确实有许多人过度热情,对同事想都没想就主动伸出了自己的"援助之手"。其实,偶尔帮忙绝对能培养同事感情,太过频繁的帮助则会让别人觉得你是对别人工作的"干预",好像别人永远不如你。因此,跟同事交流时要多观察,在别人真的需要你帮助的时候再施以援手,也许效果会更好。

心存偏见，怎么能愉快地交往

　　心理学中有个"晕轮效应"，又称"光环效应"，指人们对他人的认知判断首先是根据个人的好恶得出的，再从这个判断推论出认知对象的其他品质。由这个看似深奥的心理学现象引起的最常见的行为就是——偏见。

　　有权威图书将"偏见"定义为"根据一定表象或虚假的信息相互做出判断，从而出现判断失误或判断本身与判断对象的真实情况不相符合的现象"。错误的判断，盲目的推理，无知的肯定和否定，都是造成偏见的因素。现实生活中，我们很难避免根据第一印象带来的直觉定义他人的倾向，与其说不能避免，不如说我们都习惯这样做，并把这当作帮我们处理复杂微妙人际关系的主观印象，极少考虑自己的主观有可能滑向偏见一端，以至于无法在偏激的情感中审视自己的观点和立场，造成误解和尴尬。

美食杂志编辑白小林最近有点郁闷，郁闷的源头来自她办公室里新入职的一个实习生。

说起这个新人可真是了不得，她长得漂亮，身材好，打扮入时，学历高，上班第一天就开了一辆银色小跑车，开进杂志社的院子径直就停在社长的大吉普车旁边，踩着一双猩红色高跟鞋，袅袅婷婷走进办公楼。

进了大门，她来不及跟众位同事打招呼，先接起了电话，娇滴滴地说："靓女，又想我了？那今儿晚上你朋友就归我使唤了，不把本小姐安排好了他可休想回家……你们俩可不是欠我的嘛，行行，本官的财力你是了解的，有的是票子，你自己在家乖乖的啊，少不了你的好处！"

也不知道电话那头是谁，她这边一口一个"本小姐"，一口一个"本官"，笑得花枝乱颤，也不管同事们满脸惊讶诧异、厌恶不屑的表情。挂了电话，她整理了一下头发，脆生生地又开了腔："你们好，我是新来的实习生，我叫李天娇，今天开始在这里上班，请问白小林白主编在吗？"

哎哟，好一个霸气外露的李天娇，白小林听见她打电话时那些不正经的话语，又见她这副千金小姐的尊容，心里说不出的别扭，初次见面又不好当面发作，只好冷着脸上前打了招呼。就这样，这个"天之骄女"加入了她的小组，成了她十分看不顺眼却又只能忍受的一名直接下属。

李天娇入职之后,白小林每天上班看见她就觉得碍眼,那明晃晃的金属耳环碍眼,那忽闪忽闪的大长假睫毛碍眼,那"嘎噔嘎噔"响个不停的高跟鞋碍眼,尤其是她每天跟那个所谓的"靓女"打电话时说的那些话,简直就是不知进退。

在这种厌恶之情的驱使下,白小林不但没有好好指导李天娇学习如何接手新工作,反而对她冷嘲热讽、处处刁难,李天娇的日子过得苦不堪言。她也不明白自己是哪里得罪了这位前辈高人,不管她怎么认真工作努力表现,得到的结果不是一通臭骂就是一声冷笑。总是拿热脸去贴冷屁股,她心里很委屈,关键是这位白大姐就像一块捂不暖的寒冰,任凭她卖力讨好,就是没用。

这天,李天娇又在白大主编的调教下遭了罪,终于忍不住跟白小林顶了嘴,她一边哭一边问白小林:"老师,您对我有什么不满有什么意见都可以直接对我说,为什么总对我这个态度,您说我是绣花枕头大草包,您说我牙尖嘴利,这都不是批评了,这是人身攻击啊。我到底做错了什么,这么招您讨厌,您告诉我,我改还不行吗……"

白小林从没见过李天娇这副模样,看她哭得梨花带雨,突然觉得自己是有些过分,李天娇再怎么骄横跋扈,再怎么道德败坏,那都是工作之外的事,在工作时,她能力出众,也算勤恳负责,自己一直跟她较劲儿，欺负一个刚毕业的孩子实在没必要。想到这里，她也软下了口气，安慰了李天娇几句，让她回去工作了。

自从那件事情发生之后，白小林开始注意自己的态度，有意识地调整自己看李天娇的眼光。这一注意，她还就真发现了让自己惭愧不已的真相——李天娇每天通电话调侃的那个"靓女"不是别人，正是她那人老心不老的母亲，而那个听起来与李天娇关系暧昧的男人，当然就是她的亲爹了。这样一来，别说是晚上跟他一起吃饭看电影，周末跟他一起登山郊游，就是关心睡眠如何、腰疼不疼，也一下清楚明白了。李天娇不是什么狐狸精，外表靓丽的她是个孝顺的好女孩，跟开明时髦的父母之间关系很亲密。得知了这点，白小林对李天娇的态度来了个一百八十度大转弯，也发现了这个年轻漂亮的女孩身上越来越多的闪光点，不仅把她当作左膀右臂委以重任，还把她当作妹妹一样照顾，两人变成了生活中的好友。

偏见带来的坏处总比好处多，因为从根源上讲它是根据片面、模糊、极端甚至错误的知觉形成的。当一个人对某个人或团体持有偏见，就会对其产生一种不公平、不合理的消极否定态度，从而在情感、认知、意向等方面，贬低、误解、伤害对方。

故事中白小林根据她以往的人生经历总结出的属于"坏女人"的刻板印象，仅凭第一次见面就把外表靓丽、打扮时尚、行为很

"潮"的李天娇轻易划入"坏女人"的行列，进而"替天行道"一般地欺负她、刁难她。在白小林借工作问题发泄的怒火中，并不包含对事不对人的正常因素，更多的是"看她不顺眼"这种极为主观的理由，可想而知，这种人际摩擦对开展工作、提高效率有百害而无一利。

除了工作场所偏见，在男女婚恋中极易出现偏差的地方就是相亲了。陌生的男女第一次见面前总会知道一些关于对方外貌、工作、收入的信息，见面后再加上第一眼"眼缘"基本就决定了对对方的态度，这时候抱有较严重偏见倾向的人就容易错失良缘，或者容易被某些善于伪装的对象迷惑。

避免因偏见伤人害己，你可以尝试这样做：一是消除刻板印象，不要轻易对人下定义、划是非，切忌主观认定某些人就是如何如何。二是增加平等的个人间的接触，给彼此一个深入了解对方的机会，关注点不是外表，而是性格。三是跳出日常相处环境，增加一些不同的合作场景，换个角度看对方。

无论遇到什么事，接触什么人，先端正自己的态度，切忌心存偏见，这样我们才能去维持这世间的公平与平等。

换位思考才能理解他人

在世间行走,我们不仅要向内看到自己的需求,更要向外关注他人的感受,那不是一种奉献,更不是吃亏,而是对自己的保护和帮助——只有学会站在对方的立场体验和思考问题,才能在情感上得到沟通,减少矛盾分歧,奠定相互理解和接纳的基础,最终有利于问题的解决和目的的达成。

贾跃是一个热衷网购的时尚宅男,上网十余年,经历了中国网购从兴起到兴盛的整个发展过程。要是以他每月的成交量和消费量来看,他绝对算得上是中国几大网上商城的超级客户。

网购方便快捷,好处很多,但有时候也会遇到买不好的情况,退换货操作起来比较麻烦。随着网商的运营越来越成熟,越来越专业化,对消费者的保障日趋完善,连退换货也不再是什么难事,唯一困扰贾跃这种"铁杆网购狂"的问题就是快递不够快了。加上贾跃他们家的情况有点特殊——他家位于一个老旧小区的板式居民楼里，小楼一共6层，他家住顶层，因为是比较老旧的建筑，楼层也不高，当初设计时就没有装电梯。这也是贾跃偏爱网购的一个重要原因，6层说高不高，但扛着大包小包往上爬可不轻松。

自从网络上也有了超市，贾跃的购物范围又拓宽了，柴、米、油、盐、酱、醋、茶，什么都在网上买，特别是瓶装饮用水、果汁饮料和啤酒，以往都是从超市零散地买，现在网上买整箱还有折扣，可把他乐坏了。尤其是到了夏天这个需要大量饮品的季节，他鼠标轻轻一点，坐在家里就能等着吃的喝的上门，当天下单，次日到货，又快又省心。

但是这样买了几次之后，贾跃注意到给他们家送货的快递小哥态度越来越差了，之前还笑呵呵地让他签收，后来把东西狠狠撂下，话都不多说一句，脸上明显有不高兴的表情。

虽说贾跃买的是商品，不是快递员的笑脸，但送快递的每次都跟他有深仇大恨一样，让他非常不自在，为此他还打了售后服务电话投诉那位快递员，快递公司对快递员进行了调换。

那人第一次给贾跃送货，就口气不善地对他说："你们这儿没有电梯，干吗一次买这么多东西，你这一单我们送上来只能挣3块钱，要不你拆成几单买，让我们也赚一些，真快累死了。"

贾跃嘴上哼哼哈哈地应承着，心里却暗想："多下几单？我要不凑够了一定钱数就不能享受满额折扣,要不是为了凑单得实惠,我还不至于买这么多呢,管你送货赚多少钱,你就是干这行的,还不想受累搬东西,有本事别送快递啊。"

贾跃一如既往地在网上成箱买啤酒、饮料,跟快递员之间的不愉快时时惹他不爽,却也只能忍着,直到有一天,贾跃自己做了一回"快递员",才彻底改变了他的想法和态度。

贾跃他们公司是私企,他是老板的助理,免不了在工作之外为老板做些私人事务。这天,老板从外面打电话给他,跟他说自己车里有些酒水饮料,让他赶紧开车给老板娘送过去,那边急着用。

贾跃拿着老板的车钥匙,开着车就到了老板家楼下,停好车打开后备箱,他可傻了眼,一箱可乐,一箱啤酒,还有红酒四瓶,橙汁、椰汁、酸枣汁两大兜,矿泉水两提。这样的量,基本赶上他每次网购的数量了,贾跃在老板娘的催促下搬着这一大堆东西往老板家走。因为东西太多,一次肯定拿不了,他只好先拿几样走几步,回来再搬几样,换着往前挪。

到了楼下他终于明白老板为什么支使他帮忙送一趟了,老板家这个楼的电梯停机检修,贾跃只能拖着东西爬到7层。他气喘吁吁地一层一层搬上去,汗湿了衬衫,手腕都快断了。

敲开老板家房门,老板娘穿个睡衣迎出来,又让他把东西都搬进屋里,轻描淡写一句"谢谢啊,你赶紧回去吧",就关上了房门。

贾跃皱着眉头,一言不发地下楼开车,他不是因为老板娘的态度生气,而是想到了那些给自己家送货的快递员,他们脸上的表情,与其说是"态度恶劣",不如说是对贾跃无声的埋怨。

己所不欲,勿施于人。酸痛的肩膀和满头大汗告诉他,他错了。虽然在买卖行为上挑不出毛病,但他的良心知道,自己不顾别人的感受,还总耍脾气投诉快递员,简直是个讨厌的自私鬼。

换位思考,低层次要做到的就是一碗水端平,对人对己同一标准,不能一味地对别人高标准、严要求,甚至是苛求,只要一点不满足自己,不管人家是不是有困难有苦衷,就视作仇敌,不给好脸。高层次则是宽对人严对己,对别人做得不到位的事情,该提出来的就提出来,如果无伤大雅,则提都不用提;察觉到有什么隐情,还应主动帮助别人,广结善缘。

有时候一些觉得忍不了的事,在了解了前因后果之后,就变得很好理解了,别人为什么迟到?别人为什么说话不算数?别人为什么没有提供让你满意的服务或者商品?在发怒和指责之前,多问一句为什么,就能免去很多事后的麻烦和悔恨。

同一件事,如果换作你,处在对方的位置上,是不是就一定能做得比人家周到,是不是就能满足所有人的要求?如果不能,你又有什么理由揪着别人的言行不放，还总觉得自己吃了亏？

同样的问题，在你看来是小事，在别人看来可能就是大事，学会换位思考，是高格局的体现，更能让你在社交中给别人留下好印象。

贬低他人的人输了优雅

有些人总是需要表现自己,在外人面前极力把自己的优势凸显出来。其实,在社交场合中,表现自己是一种非常正常的社交思维方式。可是,有些人为了表现自己,不惜贬低别人,好像没有一片绿叶来衬托,就显示不出自己这朵鲜花的美好。这样做,表面看虽然是抬高了自己,却得罪了别人,同时也让别人觉得你的人品不好,影响了自己在别人心中的印象。

有一位太太非常喜欢贬低别人,但她不知道的是,她在贬低别人的过程中并没有抬高自己,反而暴露了自己的缺点。

这位太太经常对别人说:"我就非常不喜欢外国人的高鼻梁。我们是中国人,要那么挺的鼻梁干什么?你看,大象的鼻子倒是很大,但是一点儿也不好看。而且,我跟你说,鼻子大的人都目空一切,自命不凡。"这位太太说得很夸张,话语中又带有很强的感情色彩，就让听的人忍不住观察她的鼻子，才发现原来她的鼻子又小又矮。

这位太太还说："肤色长得太白的人也不好。现在流行健康美，人们都会把自己的肤色晒成古铜色，这样看起来也很性感。你看那××，皮肤长得那么白，每天都一副营养不良的样子，看着就知道她身体不好。"这位太太说了这么多，不由得让听她说话的人又注意了一下她的皮肤。原来她的皮肤很黑，而且还比较粗糙，看起来确实很"健康"。

随着这位太太的各种言论的不断发表，人们也渐渐看到了她的真实相貌，也都明白了她的这种心理是为何产生的了。

例子中的太太企图通过贬低别人来抬高自己，掩饰自己身上的缺点，结果适得其反，让自己陷入窘境之中。这就好像一朵鲜花找了一片绿叶来衬托自己，结果鲜花即将枯萎，而绿叶新鲜如初，不仅没有起到衬托的作用，反而夺去了鲜花的光彩。所以，并不是贬低别人就一定能够让自己更优秀。

既然如此，生活中为什么还是有些人喜欢贬低别人呢？一般而言，喜欢贬低别人的人不外乎有两种类型：第一种类型，他本身条件不错，但是由于虚荣心作祟，希望自己拥有的东西都是最好的，也恨不得告诉全世界这种东西是最好的；第二种类型，他们自身条件不是很好，非常自卑，却为了面子和尊严而不得不掩藏自己的缺点，做出一副自信满满、谁也不如他的样子。

可是，不管是何种原因，贬低别人而抬高自己都不是明智的做法。靠贬低别人来凸显自己，就算一时显示了自己的优越，但是在这个过程中，你对别人造成了伤害，已经使自己的人格大打折扣，使自己终究成为没有气质、粗俗的人。

李女士在一家国企上班，她的丈夫也是某部门的干部，儿子也非常听话，这一切都让李女士感到自豪，每天总是利用一切机会让人们知道她的幸福和骄傲。

有一次，一位同事在遗憾自己的儿子高考差两分没被名牌大学录取，一旁的李女士听到了，就插嘴道："唉，真是的，我家儿子也不争气，我一直想让他上清华，结果他这次只考上了人大。"这话一出，旁人自然不难看出，李女士是在炫耀，于是整个谈话的气氛就有些冷淡了。

后来，李女士因为一些原因进行了人事调动，她满以为自己会被热情欢送，谁知道当天只来了一名干部，也只是例行公事而已。

或许李女士只是一时的无心之言，但是，她的这种自夸、自傲却是建立在"我儿子比你儿子强"的姿态上，自然就会让别人感到不舒服。

一个人是否高雅、有气质，并不是通过外在的东西来表现的，也不会通过贬低别人就能体现出来的，关键在于自身的修养。适当地抬高自己并不是清高自负，但是在言行上贬低别人，用旁若无人的高谈阔论、矫饰的表情、夸张的动作来表现自己，就会使人反感。

不仅如此，为了抬高自己就贬低别人，还显得自己心胸狭窄，也会让被贬低之人难过，阻碍事业的发展和家庭的幸福。我们要谨记，绝对不能肆意贬低他人，否则就会让自己的形象跌入谷底，人际方面必将遭受重创。

别人不是你,不要过于苛求

现代社会中有一些很自我的人,他们认为自己就是太阳,所有的人都离不开他们,都要围着他们转。在我身边就有这样一位同事,我们都幽默地称他为"要是我"先生。

"要是我"先生是一所名牌大学的毕业生,大学刚毕业就来到了我们公司,由于"要是我"先生能力很强,业绩显著,三个月的实习期刚满就被总经理委以重任,并升为部门经理。由于"要是我"先生在与人交流时总是以"要是我"开头,于是便获得了"要是我"先生的称号。比如当看到有男孩和自己的女友吵架时,他就会对周围的人说:"要是我的话,肯定让着女孩,绝对不和女孩吵架。"

最重要的是他把自己的"要是我"口头禅也带到了工作中。比如,当下属没有按时向他提交材料时,他就会说:"要是我的话，绝对能按时做完。"当他约见的客户迟到了几分钟时，他就会说："要是我的话，我绝对不会迟到。"更令人惊讶的是，有一次总经理开车带他去见客户，车子在半路上突然坏了，这时他居然说："要是我的话，出门前就会仔细检查车子，这样就能避免这种情况了。"总之，在"要是我"先生的世界里他总是最聪明的那个人，而别人在他面前总是显得很无能。

渐渐地，"要是我"先生觉得自己在公司的地位越来越重要。为此，他也更加疯狂地在说着他的"要是我"口头禅。等到他与公司签订的劳动合同快要到期时，他更加认为公司会给他升职加薪，但他没有想到，等来的却是一封辞退信。对此，他非常不满，于是带着怨气去找总经理理论。还没等"要是我"先生开口，总经理便对他说："你是不是想对我说，要是我是你的话，肯定会毫不犹豫地留下你，并且给你升职加薪？"

"要是我"先生听完总经理的话，突然变得紧张起来。总经理接着说："我承认你是一个很优秀的人，但是我也不希望你因为自己的优秀就夸大别人的无能。再说了，公司是一个团体，很多事情都离不开别人的帮忙，你真的可以一个人完成吗？"

"要是我"先生没再说什么，他像一只斗败的公鸡，低垂着头走出了总经理的办公室。此刻他终于明白，他挂在嘴边的"要是我"是让自己失去工作的罪魁祸首。

其实,"要是我……"这样的句式就相当于说大话或者空话,只会让别人心生厌恶,而不会得到别人的认可和欣赏。所以你要记住,你没有太阳的光芒,也不是宇宙的核心,更不是社会的焦点。因此,请不要过于高看自己,你只是一个普通的人,和别人没有任何差别。

说到这里,如何才能谦卑做人呢?

首先,在与别人交往时要学会换位思考。所谓换位思考就是不以自我为中心,而是设身处地地为他人着想。换位思考不仅能让我们更加了解别人,而且也能让我们更加清晰地认识自己。

其次,在与别人交往时要学会接纳不同的观点。每个人都有自己的生活圈子和价值观。因此,你不要去干涉别人的生活圈子,更不要影响别人的价值观。你要做的就是:既要学会坚持自己的价值观,也要学会尊重别人的价值观。当然,你可以从你的价值观出发去评论某些人、某些事,但不要与他人发生争执。另外,你还要学会接纳不同的观点。这样,你既可以丰富自己的阅历,也可以将别人的优点转化为自己的长处。

最后,在与别人交往时要学会谦虚。所谓的谦虚就是,在与别人进行沟通时,要学会多说"好"少说"不好",多用"您"做主语少用"我"做主语。具体到谈话中就是要多谈对方的事情,少谈自己的事情,并尽可能地引导对方谈论他们自己的事情。另外，在谈话中还要体现出自己的真诚，当对别人谈到的问题不明白时，就要向别人请教。当与别人互动时，不要说大话。

总之，与他人沟通时要摒弃以自我为中心的习惯，努力做到关注他人的处境，体会他人的感受，尊重他人的价值，这样才能建立良好的人际关系。

做人可以聪明，但不要卖弄精明

在社会中行走，我们总是想把自己最聪明、最光鲜的一面示人。可是，你的聪明用对地方了吗？

我必须承认，岳峰给我的最初印象非常好。当时，我在一家杂志社工作，岳峰是众多应聘者中最为出类拔萃的，他随身带来了一叠厚厚的稿纸，是他自己先前创作的作品集。他带着几分自豪告诉我：已经有一家出版社准备把他的稿子修改后出版。

面试结束后，他追问我是否可以录用，而后我又接到几次岳峰发来的短信和邮件，询问应聘的结果。看来他确实很重视这个工作机会。于是，两周后，他坐进了公司的办公室。岳峰过人的聪明很快表现了出来——可惜大多是小聪明。

身为编辑，平时工作时间QQ在线，这是很正常的事情。但是岳峰算是让我开了眼——他上班的时候同时开着三个QQ。一个工作用,一个朋友用,一个闲聊用。岳峰似乎有充足的时间,每次我从他身边走过,都能看见他以极快的速度向QQ消息窗口里面输入文字。

有一天上班的时候,他忽然大声叫起来:"哈哈,真的是!"然后他激动地向办公室里的人大声叙述他在网上怎么听说某名人的QQ号,然后如何添加这个号码,查证这个信息……真是聪明绝顶!一个同事跟着说笑了两句后,留下他一人坐在那里疯狂敲击键盘,自言自语,兴奋不已。

同事提醒他,应该排除干扰,专心自己的本职工作,而如今他不仅没有做到,还严重影响到了别人的工作。第二天,我惊奇地发现他安静多了,QQ也只开了一个,似乎整天在那里专心找选题。没过几天,我就发现他启动了"预警系统"。每次听见我的椅子一响,他便一敲键盘,各种窗口就全部缩小了。真是精明,知道用"老板键",可是他却不知道——他什么时候在干什么,我其实大都知道。

我也有很多次是站在他背后喝咖啡,跟其他同事寒暄时"无意中"看见一些东西的。岳峰都没有发觉?是的,没有发觉。因为绝大多数人不务正业的时候,都是精力很集中的。就像我们小时候上课时偷着看闲书,也不知道老师就站在身后。就这么简单。于是,我开始考虑招新人把他换掉。

职场人一定要自觉，不要以为没有人监督你，你就可以不做，你不是小孩和犯人。其实大多数人都不希望自己被人看着，因为看着人是对人不信任的表现。领导都是过来人，你现在用的这些小把戏，也许就是他发明的。不要以为你做什么，别人都不知道。

岳峰和很多精明人一样，不是很乐意承认自己的错误。当我指出他负责的稿件中的一些小纰漏时，他说："你没有告诉我，我又不知道……"我禁不住要笑：是不是要我重新给你上语文课？后来的事情证明了我的猜测。问题的关键不在于是否有人告诉他，而是他自认为聪明，他认定自己就是对的。

当我再次指出他的这个错误时，他的精明立即又体现出来："前几天我问过我一个朋友，他说现在已经通用了。"我没有立即回答他。他又补充道："我这位朋友是北大的研究生。"我想了三秒，说："那我们以市场为标准，让客户来评判我们的产品质量。从这一期开始搞读者挑错活动。如果有一个读者认为这是个错误，那我们以后就必须严格改正。"他愣了一下，片刻，他"哦"了一声，算是同意。

但是岳峰还没有等到读者挑错活动的结果，老板就找他单独谈了一次话。"他没告诉我，我又不知道……"这熟悉的句子我在楼道里都听得一清二楚。过了一会儿，他满脸得意地回到办公室。

我却收到了老板发来的消息:"尽快削减他负责的工作,开始招聘新编辑。"

当我向岳峰索取作者名单、相关资料时,他也意识到了什么,问我:"有什么问题吗?"我只是简短地回答了一句:"噢,没有,按上级指示进行资料备份。"事实也确实如此。

一小时后,资料备份完毕,老板找他谈话。不多时,他下楼来收拾东西,办完手续,最后我送他到公司门口。他回过头来似乎想要说什么。我没等他说话,就转身走进了公司。我只是确保他直接走出了公司大门。再要进来,前台小姐自然会询问他。

其实,我不得不承认岳峰确实很聪明。一切都是因为他太精明了。精明得不知道我稍微检查一下就能看出他"写"的稿子是抄袭来的;精明得忘记了他违规工作,没有交给我审核就送去排版的稿子,按照流程最后还要交给我终审;精明得不知道制作部主任会在每周的碰头会上,向我反映他送去排版的稿件严重违规……

岳峰就这样离职了。对于他来说,这天既出乎意料,又在情理之中。因为他随身带了移动硬盘,把自己在公司的资料都拷贝了。再早些时候,他还请过几天假,大概是出去应聘了。没错,他已经不打算在这家公司干了,早就开始寻找其他的工作机会了。这是他的精明之处,但他又精明过头了,决定找新工作之后,就开始敷衍应付眼前的工作。可惜他没有想到,他做的这些事我和公司领导都注意到了,更没想到公司会先解雇他。

岳峰的故事告诉我们：做人如果太精明,计算得太多,反而会让自己变得很复杂,让别人难以信任,更难以取得别人的认可。谁会愿意跟一个看起来很复杂的人交往和共事呢？

为人不可太精明,最好是谨慎一些,含蓄一些。机心用得过多,便容易不得要领,或自坏其事,或自相矛盾。精明是件好事,而卖弄精明不但会惹人厌,还会毁了自己。

以爱的名义控制别人，只会带来伤害

爱，让我们不断对一个人产生期待，不断要求他按照我们想要的那种方式去活。为了强化我们爱的感觉，就去做一些自己以为爱他的事。诚然，这是爱的一种方式，但这种方式付出的爱，只是我们想给的。我们并不知晓，对方想要的是什么。

爱一个人，不是让那个人按我们自己想要的方式来活，而是在尽可能地保护他安全的情况下，让他成为他自己，这样，他才会快乐。否则，我们的爱不是爱，而是打着爱的名义，理直气壮地绑架别人。可惜的是，很多人的爱，都成了另一个人的不堪重负。因为，他们的爱，其实是一种自我需要，这需要另一个人来满足，于是他们便把这种需要当成了爱。一些人，在这些爱的束缚里萎靡了下去，一些人，在爱的叛逆里活了出来。

很多时候，我们的亲人，我们的爱人，都在用他们以为好的方式来爱我们,他们用自身的经历去告诉我们,路要怎么走才好。他们用自己的渴望告诉我们,要拥有什么才幸福。但是,我们来到世间,不是为了用别人的方法去为别人活,而是要用自己的方法为自己活。于是很多人便在这两种矛盾中纠结着、痛苦着。

有一个女孩,由于从小受够了贫穷的苦,所以她的最大愿望是变得富有。刚一成年,她就马上辍学,去沿海城市打工了。

流水线工人,拿的是计时工资。那时,她的底薪才两百多,加班费是一块五一小时。为了多挣一点儿钱,她几乎天天加班。这样一个月下来,她能拿四百多块钱。为了补贴家里,她只留十块钱买洗衣粉等日用品,其余全部寄回。

这样的日子,她整整坚持了两年。随后,她与负气离家的姐姐在一座陌生的城市相遇。两人一起为了那个贫苦的家打拼着。后来,姐姐恋爱了,离开了,以一贯的方式,不声不响地不见了,几乎算是落荒而逃,因为姐姐的男友,满足不了家人对女婿的期待——钱多,他只是个贫穷的普通人。

她恨死姐姐了,为什么姐姐总是逃,总是逃。逃家,逃她,生性那么疏离,连与妹妹都不亲。她不明白,为什么一个普通男人可以让她那非常聪明的姐姐死心塌地地追随。更可恨的是,在长达两年的时间里,姐姐音信全无。当然,她不会去想更多的问题:为什么姐姐那么抗拒和家相关的一切?后来,也许是因为岁月流逝，姐姐已经有了面对的准备，所以又与她联系，告诉她自己生活得还算平安。但是，她同时也得知，那个穷苦懒散的男人，给不起姐姐世俗婚姻礼节的承诺，她不甘心，追到了姐姐所在的城市。只是姐姐依然不愿意离开，她伤感地离去，不断与家里人痛哭流涕地指责姐姐的种种不是。

后来，姐姐离开那个人，不再依靠男人而活了，但与家依然是疏离的。虽然她与父母知道姐姐在哪个城市，但要不是与姐姐联系，她就不会有什么消息。姐姐是从来不会主动打电话聊天或问候的，除了给家里人寄钱的时候。以至于某年生日那天姐姐突然打电话祝福她，她竟然感动得哭了。原来，姐姐是记得她的。

她爱家人，所以要给家里最优渥的物质生活；她爱姐姐，所以不断给她收拾人生的烂摊子，在姐姐求助的时候，总是义无反顾地付出。在不断努力下，她有了自己的事业，也终于有了大房子，然后，她希望，聪明的姐姐和她住在一起，她可以保姐姐一世安稳。姐姐去了，可惜没两天两人就大吵一架。两个月里吵了十多次架，她那样的爱，姐姐却那样地不理解，竟然觉得宁愿行乞度日也不要她给的安稳。

她伤心痛哭，原本一直以为，总算盼到了好日子，可一切都是她的一厢情愿。她为家付出了那么多，却没有一个人感恩。姐姐气急败坏地离开了，父亲万般不满地离开了，母亲痛哭流涕地离开了……她不懂为什么！她不知道，自己在有意无意中，终日让身边的人承受着爱的伤害。

她总是强迫身边的人按照她认为好的方式去活，每一个和她生活在一起的人，都必须按照她的意志行事，所以觉得非常压抑。因为她不懂得，我们必须尊重个体的选择，所以她总是替别人选择。因为拒绝承认每个人的独立性，所以她总是把自己的观念强加于人，觉得自己想要的，一定也是别人想要的。比如，孩子不喜欢吃鸡蛋，她非逼着吃，还逼着全家人监督。嫌姐姐的妆化得不好，非得强迫姐姐化成她喜欢的样子。她不知道，经历岁月的洗礼和知识的升华，姐姐已经有了自己完整而独立的精神世界。一个人如果已不再疑惑，却要被强行植入一些自己不需要的理论，就会非常痛苦。她的控制使得每一个人都活得极其痛苦。她对家人的爱与照顾，是不能承受的生命之重。

很多人会觉得自己很委屈，他们常常说：我是为了他好啊，我是怕他受苦啊……其实，你的怕，只是你的感觉。你觉得，他以你喜欢的方式过，你就不怕了，你才会舒坦。你追求的，不过是自己的舒坦。爱一个人，应该让他以自己喜欢的方式过一生。其实，受苦也是一种权利。很多时候，我们固执地对人好，却造成了很多伤害，因为我们剥夺了别人选择的权利。如果爱只是一意孤行的主观感受，那么，我宁愿这样的爱不存在。

无论是谁，都没有剥夺别人自主成长方式的权利。我们来世间一遭，所能拥有的，不是财富，不是名声，而是经历和感受。于我们来说，最珍贵的也是人生的经历和感受，欢乐和痛苦都是收入，现实生活中的祸福得失并不要紧，命运的打击因心灵的收获而得到了补偿。

别让自己的爱成为对他人的伤害，让他们去经历，去体验，去吃苦，去流泪，因为那是他们人生中最最重要的权利。

第五章

别让无关的事情折磨你，勇敢拒绝就对了

无能的人最喜欢用交情绑架别人

生活中,很多人都会遇到这样的事:多年不曾联系的朋友突然登门拜访,想请你帮一个他所认为的"小忙",并通过各种方式一再暗示你,如果你不答应他的请求,就给你贴上道德败坏的"标签"。但实际上,这位朋友所谓的"小忙"将花费你大量的时间和精力。遇到这样尴尬的事情时,很多人都会左右为难,不知如何是好。

要解决这个难题,其实很简单,那就是果断拒绝帮忙。乐于助人固然是好事,可有些人却总是拿所谓的"哥们""死党""闺密"之情当幌子,对你进行"交情绑架"。他们认为,请你帮忙是把你当朋友,你理应为他们两肋插刀;再者,因为你的能力比他们强,你过得比他们好,他们有求于你也是人之常情。

我所在公司的副总经理海涛就有过被朋友进行交情绑架的经

历。一天,海涛正在上班,有个陌生人一直加他的微信,他拒绝了多次,但那个人一直反复添加他,无奈之下,他只好同意了。

两人成为微信好友之后,陌生人很快就给他发来消息:"总算找到你啦!怎么着,现在当了副总经理,就想跟我断交啊。"

海涛浏览了一下陌生人的微信个人资料,才知道对方是他早前公司的一个朋友,至今已经有五六年没有联系了。于是他礼貌性地回了一句:"哪敢啊,这几年想必你也过得不错吧?"

此时,对方马上发过来一个愁苦的表情,回道:"别提了,我这日子简直惨不忍睹啊,所以想找你帮个忙?"

海涛心里嘀咕,自己都和这位朋友好几年没有联系了,还能帮到他什么呢?于是海涛试探着问:"你说说看,能帮上的,我尽力而为。"

"以你现在的身份和能力,这事对你来说是小菜一碟。"朋友赞扬海涛,随即说,"我现在跑业务呢,但是苦于没有合适的客户,我听说你手头有很多我需要的客户,能不能给我介绍几个?"

海涛皱起了眉头,别说将自己公司的客户介绍给其他公司的人,即便是同一个公司的同事,也不能轻易介绍。这种抢饭碗的事,任谁也不能纵容。

海涛当机立断地说:"真不好意思,我的那些客户早就分派给下属了,实在是帮不上你啊。"

对方自然明白海涛的意思，回了句："那好吧，我再找别人问问。"

这件事过去没多久，海涛就在微信朋友圈看到有人在议论他刻薄、冷血。他心中奇怪，自己的人缘向来不错，很少被人非议，怎么会突然就被抹黑了呢？经过多方打听后才知道，原来是找他帮忙的那位朋友在到处说他的坏话，说什么他现在当了副总就忘了那些跟他一起打拼过的人，简直忘恩负义。

我听了海涛的经历后，不禁感到后怕。这个社会中，确实有那么一些人，认为别人过得比他好，就理应帮助他。但是这些人为什么不反过来想一想，别人为工作一筹莫展的时候，自己有没有帮过他？别人为找客户几乎跑断了腿的时候，自己有没有关心过他？况且别人过得好也是付出了努力和心血的，因此别人并不欠你什么，凭什么必须帮助你？

其实在每个人的一生中，除了亲人之外，几乎没有人有义务对你好或者帮助你。如果你明白了这个道理，以后当你向别人求助而被拒绝时，就应该告诉自己这是很正常的事。

类似的事情也曾在我的身上发生过，我的QQ好友里有几个有过一面之缘的朋友，平时也没有任何的沟通与交流。有一天，其中有一位朋友跟我打招呼，出于礼貌，我进行了回复。

闲聊了几句之后，这位朋友说："那次我们聚会的时候，记得你说过你会做图文设计的,现在还做吗?"

我说:"做呀!"

接着,他就说让我帮他设计一个简单的图书书目。

当我看到他的请求时,第一感觉就是:我和他是朋友吗?应该谈不上,因为我连他的名字和相貌都没什么印象了。我和他确实有过一面之缘,但也仅仅是一面之缘。处于这样的一个尴尬的境地,我觉得很为难。不帮忙吧,担心对方会指责自己没有"人情味";帮忙吧,设计一个书目并不是那么简单的事,而我手头还有很繁重的工作要做。思索了一会儿,我果断地回绝了他的请求。不久之后,我也遭遇了和海涛一样的尴尬,被这个陌生人抹黑了。

向人求助时本该怀有一颗感恩之心,可现在很多求助者偏偏忘记了这一点。在这里我想说,你的事就是你的事,与别人无关,当你向别人求助时,别人帮你是情分,不帮你也合情合理。所以,不要主观地认为你的朋友就是天生欠你的,人家的"牛"也是靠自己的努力一步一步奋斗得到的,根本就跟你没关系。

在这个世界上,绝大多数人都没有义务必须帮助你或者必须对你好,当你遇到困难时,如果有人帮助你,请你珍惜,并怀有感恩之心;如果没有人帮助你,也不要抱怨别人。

最重要的是,千万不要用交情去绑架别人,那样只能说明你无能。

别人说得出口,你就拒绝得出口

前不久,好几年没见的大学同学阿兰跳槽到我所在的城市。我们在电话里简短地寒暄后,便相约小聚一下。

我们约在市中心的一家咖啡馆。下班高峰期时,地铁里拥挤不堪,我费了好大力气才挤进去。下午六点多的时候,我推门进了那家咖啡馆,虽然迟到了几分钟,但阿兰也还没来,这让我稍稍安心了一点。我这人吧,宁愿等别人,也不愿别人等我。当然,等待也是有限度的,一杯咖啡的时间,如果咖啡喝完,等的人还没来,我二话不说就走人。

订的位置正好靠窗,咖啡喝到一半的时候我便看到阿兰急匆匆地下了出租车。

"不好意思不好意思……临时有点事耽误了。"阿兰还没坐下来就一脸歉意地冲我笑笑。

"没事，我也迟到了一会儿。"

我们边喝咖啡边说着自己不咸不淡的生活。几年的时间，阿兰的改变也还在我的预料之内。她说着自己忙碌的生活，说前几份工作的心酸，说现在朋友关系的庞杂与热闹。

窗外华灯初上，璀璨闪亮，却依然给人一种远在天边的错觉。相反，咖啡厅里奶白色的灯罩下，光线朦胧而温馨，正是聊天的好地方。

只是，这样良好的氛围不时被打断。她的手机几乎隔几分钟就会不合时宜地响起来，而每次的通话时间却只有那么短短的一两分钟。

这样连续几次后，阿兰没待我问便主动说："都是以前的一些同事打来的，也没什么大事，就是无聊想找我聊聊天。"

"那是好事啊，说明你人缘好，大家都喜欢你。"

没想到我随口这么一说，一直情绪高涨的阿兰却顿时有了诸多感慨。她苦恼地说："不知道是不是自己太随和了，周围的人无论有什么事都第一时间想到我，搬家的时候，无聊的时候，失恋的时候，甚至家里的小猫开始厌食这种事也会跟我说半天。对了，你知道最奇葩的一次是什么吗？一个同事家里的下水道堵了也给我打电话，让我过去陪她等修理人员过来……"

"你去了？"我有些诧异。

"当然去了啊。"她无所谓地耸耸肩,"别人都打电话过来了,总不能拒绝别人吧。虽说不上是多要好的朋友,但就同事这一层面来说,搞好同事之间的关系对今后的工作也有帮助啊。你不知道吧?她们都夸我特别有亲和力呢。只不过,唯一不好的是,我每天都很忙,上班为工作忙,下班为他人忙,都没什么私人时间了。"

我了然地点点头,并不作评价。她这种性格大学时我就有所察觉,只是没想到进入职场后,会发展成现在这种情况。

最后分别时,我帮她拦了车,而她在应付一通电话。

把她送走后,我没有马上回家,一个人沿着喧嚣的街道走了一会儿。这次时隔几年的碰面,让我无限感慨,现在的阿兰就像曾经的我,一直忙忙碌碌,忙着应酬,忙着各种交际,忙着照顾朋友的心情,忙着处理别人拜托的杂事。曾经的我每天都很忙,但归根到底,那种忙碌并没有让我感到充实;相反,它让我无所适从,几乎失去了自我。

所幸,当时一位前辈点醒了我。那天我跟前辈忙完一个策划案后,已经很晚了,她有车,说顺便送我回去,我也就没有推辞。因为上班的时候手机调成静音状态,所以坐在车上习惯性地翻看手机时,惊讶地发现竟然有十几个未接电话,还是几个不同的朋友打来的。当下,我回了一个,电话那边,还不待我开口,他就说道:"啊,没什么大事,我今天出门忘记带钥匙了,等物业的时候就想着跟你聊聊，结果你没接……"

另外几个未接电话也无非是这样的小事，我有些无可奈何，叹了一口气。

那位前辈瞥了我一眼，就开始教训我："其实我早就想跟你谈谈了，你看你，人太随和了。无论什么人、什么事，你都不懂得拒绝。长此以往，别人就以为你好说话，但这样你不累吗？"

我有些愕然，却又老老实实地点头。

前辈接着说："唉，亲和固然是好事，但是亲和也是有界限的，像你这样就不叫亲和。你要懂得拒绝，知道什么是自己分内的事，什么是闲事。每个人都有自己的生活，不要光顾着别人，却把自己的生活弄得一团糟。"

当晚回去之后，我也想了很久，不断地反思，终于也算悟出了一点道理。之后，我开始不动声色地改变，生活逐渐明朗，也逐渐轻松。当然，这个过程却并不轻松，成长总是要付出代价的。

到现在，对于朋友间的交际，我有了自己分寸的拿捏。而阿兰，我相信她终会明白这一点，也终究还有很长的一段路要走。毕竟，只有亲身经历过，才有最透彻的领悟。

我知道，有很多人像曾经的我和现在的阿兰一样，为了让自己变得更有亲和力，不得不一味地附和周围的人，从来不懂得拒绝。久而久之，我们固然变成了老好人，但也丢失了自己原本的性格和个性，成为别人眼中不受尊重的人。

这样的亲和力又有什么意义呢？要知道，不卑不亢才是理想的人生状态，只知道附和而不去拒绝，最终会让人生变得一团糟。所以，任何事都需要掂量清楚，依照本心去做，才是正确的选择。

不懂拒绝无异于自寻烦恼

对于很多人而言,也许千军万马在前也不足以让他们后退,可是一句简单的"不行",却能让他们脸色骤变。因为不敢、不愿、不能说出那句拒绝的话,他们不得不耗费自己的时间和精力去履行别人的义务。

我的同事小张,就是一个不懂拒绝别人的人。每到下班的时间,公司里的其他人都会马上离开,他们要回家接孩子,他们要回家做饭……至于还没完成的工作,他们通常让小张帮忙完成。有好几次,我下班的时候都看到小张在办公室里加班,虽然我知道她下班后都是直接回家,并没有多少约会,但是小张住的地方离公司很远,坐公交车差不多要一个半小时才能到。为了省钱,她住的地方很偏僻,房租虽然降下去了,可是治安还是令人担忧。如果太晚回家,对一个女孩子来说的确不安全。我几次跟她说别帮别人加班，她总摇头，说都是同事，别人拜托了，不好意思拒绝，而且多做一点自己还能学到东西。既然她这样说，我也不好说什么。

直到有一天，小张因为加班回去得很晚，第二天上午十点多才到公司。迟到一次，别说扣除全勤奖，甚至还会按时间扣除工资。小张对用钱方面素来节俭，生活也是精打细算，在我看来她会迟到简直等于太阳从西边出来了。中午吃过饭，我去小张的办公室找她，一问才知道她昨天回去包被抢了。人倒是没伤到，报案后回家吓得一晚上不敢睡，所以才会迟到。

要不是昨晚加班，她根本不至于天黑还在外面。我有些生气，让她以后下班了就走，别再帮别人处理那些琐事了。小张只是笑，也不应。我决定和她好好谈谈。

把小张叫到一边后，我问她："来公司有没有自己的打算，有没有想过升职？"她点点头。我又问她："既然想升职，那是不是该让自己的业务更熟练一些，掌握更多的技能？"她也点点头。然后我问她："从每天做的那些事里面学到的东西多吗？"她承认学到的不多，但是又说日积月累，终究是有用的。我顿时哭笑不得。之后的日子，小张依然每天在忙碌，但有时也会抱怨别人让她觉得很烦、很不舒服。我没有再劝她。如果她自己没有办法说出拒绝的话，那么没人能帮她解决这个烦恼。

其实我们和小张一样，很多事情，自己也不愿意去做，但是当别人请你帮忙时，你不想拒绝，只好自我安慰，告诉自己予人玫瑰，手留余香，告诉自己这是礼尚往来，告诉自己人际关系多么重要，在未来的某天它或许会发挥不可思议的作用。的确，这些想法都没错，可是，不要忘了，"玫瑰"有着尖锐的刺，不小心会扎到自己！人际关系之所以能发挥作用，不过是因为对方看重你。如果你不懂拒绝，别人只会觉得你好闲，一个习惯使唤你的人，一个不尊重你的时间的人，他真的会在未来给你帮助吗？

你有自己的生活，你有自己的目标，如果总是为了别人的事情耽误自己的光阴，那是不是得不偿失呢？为什么不拒绝？凭什么不拒绝？你不是谁的奴隶，如果那点可怜的脸面阻碍了你的进步，为什么不把它撕破？

除了不忍心拒绝别人，还有不能拒绝的人，有的是亲人，有的是上司。亲人间的请求是最难拒绝的。而上司请你帮忙，识相的人都不会拒绝。不过，即便是如此，你也不能完全不拒绝。每个人都应该有自己的底限，什么样的忙该帮，什么样的事不该答应，心里要有分寸。

我大学时有个室友非常看重家人，因为母亲去世得早，她非常疼自己的弟弟，不管弟弟要什么她都极力满足。那时她一个月生活费才400元，还要每个月悄悄给弟弟。每次她弟弟来电话，我们都知道她又要囊中羞涩了。

她弟弟要钱的理由很多,学校要交钱啊,要买资料啊,或者干脆说要去玩游戏,可是她从来没拒绝过。我们都跟她说不能这么惯着弟弟,可是她怎么都不听,一直说弟弟可怜,当姐姐的应该照顾他。因为她的宠溺,她弟弟一直泡在网吧,成绩很差,最后早早辍学,又不愿意去找事做,只想着让她养。

大学四年,高中时土气的女孩们都蜕变得美丽了,只有她,年纪轻轻就显老了,因为她除了上课,都在做兼职给弟弟挣零花钱。她付出了这么多,最后得到的是什么呢?一个沉重的压得她直不起腰的负担而已。

有些拒绝必须说出口,因为你不说,或许就是害了对方。如果我室友对她弟弟严格管教,不对他百依百顺,现在他们的情况应该会发生很大变化吧。

还有些拒绝,你不说,就是害自己。来自上司的请求,多数人都不会拒绝,可是如果是违背做人基本原则的事情,违法的事情,还有不符合道德的请求你也不拒绝,那么你只是在给自己挖坑。

说出拒绝需要很大的勇气,但是适当的条件下还是要尝试,别给自己放弃自我的机会,也别给他人得寸进尺的机会。

隐忍要有限度，当心憋出内伤

任何人的忍耐都是有限度的，一味地忍耐，到最后很可能让自己憋出内伤，或者一时想不开采取极端手段。因此隐忍要把握度，不要将自己逼上绝路。

我的朋友小茹是个北漂姑娘，为了省房租，她和两个大学女同学合住。虽然三个人交情还不错，但是住在一起后就不一样了。每个人都有自己的生活习惯，那两个女孩比较强势，而小茹性格比较软弱，因此三人之间有冲突的时候，总是她在退让。尽管避免了口舌之争，但是小茹却越来越觉得不舒服。

原先只是在一些大事的处理上存在分歧，后来在一些小细节上也让小茹感到不快。

小茹跟朋友们聊天的时候，总是"大吐苦水"，说她那两个室友简直是"奇葩"，从来不拖地，用过厨房后隔上好几天才收拾，鞋子到处乱扔……因为都是一些鸡毛蒜皮的小事，多数人都认为小茹太过斤斤计较了，因此附和她的人很少，大家都劝她把心放开些，忍一忍就过去了。

大概是因为找不到支持自己的人，她便不再跟朋友们提这些事了。这样一来，我反而有些担心了。这些日常的烦恼，如果她找不到合适的方式倾诉一下，那么只能积压在心头，对她的身心会造成不良影响。于是，我时不时就会和她联系一下，听她聊聊那些烦心事。

久而久之，我发现她之所以会有那么多抱怨，是因为她和另外两位室友处于不平等的地位。她们对她的要求，她都努力做到了，但是她对她们的要求，她们起先还会听一听，之后就左耳进右耳出了，甚至有时候会当面拒绝。而这种时候，她也只是选择忍气吞声，因为觉得以后相处的时间还长，撕破脸不好。久而久之，她们大概也看出她是个软柿子，开始变本加厉，比如将打扫卫生这种本该分摊的事情都推给她。

虽然只是一些小事，但是一件一件积压下来，还是让小茹难以承受。现在她一想到下班回家后要面对两个"奇葩"室友就觉得难受，好几次她都想搬走，可是一时之间也找不到更合适的住所。她跟我说，她也不知道自己可以忍到什么时候，生怕自己失控跟室友闹翻。

当她又一次跟我抱怨时,我很坦率地说:"你心里有不满,为什么不直接说出来呢?你憋在心里,她们只会觉得你活该吃亏。你又不是要和她们过一辈子,有什么说不出口的。你以前跟我说你顾及颜面,可是人家都不顾,你还非要打掉牙齿和血吞吗?你一直这样忍,她们就会对你好一点吗?你这样只是让自己变得越来越好欺负而已。"

她听后沉默不语,半晌才说"会试着改变"。我知道对她来说,和那两个室友发生分歧是一件很糟糕的事。但我还是希望她可以尝试一下,如果她每次都是习惯性忍让,情绪会越来越焦躁,那样反而可能引发更加糟糕的事情。

过了一阵子,小茹跟我说,那两个室友拜托她帮忙从外面带饭时她拒绝了——虽然是顺路,但她就是不想带,所以断然拒绝了。我觉得这是一个好现象。之后,打扫室内卫生的事她也不再大包大揽了,每天定时清理自己房间的生活垃圾,至于那两个人的,她们自己不清理,她也就当没看见。起初那两个室友还有些诧异,甚至摆脸色给小茹看,小茹就当没看见一样。后来她们见小茹不像以前那么好说话了,反倒没以前那么嚣张了,也开始主动打扫室内卫生了。

因为居住状态的改善,小茹的心情好了不少,现在她已经很少"吐苦水"了。不论是在和室友的相处上,还是在工作上,她都一改往日的懦弱，开始大胆表明自己的立场，这并没有给她的人际关系带来麻烦，相反，她因此更加自信了，也更加受欢迎了。

在日常的人际交往中，忍让或许可以帮你解决很多麻烦，但是你心中也相应地会增加一点芥蒂和负担。如果不能及时排解，那么这些负能量会一点一点累积，直到你不堪重负时崩溃或者爆发。到那时，或许会有更恶劣的事情发生。为了避免这种结局的出现，从现在开始，学着说"不"吧。

力不能及的事，干吗要答应

网络上有一句流行语："小时候我以为自己能拯救全世界，长大后才发现全世界都拯救不了我。"这句话的主旨是讽刺那些只会空谈、幻想，却没有能力付诸行动的人。

现实生活中，这样的人也不胜枚举，他们明明能力一般，却总是喜欢应承，喜欢大包大揽，似乎自己能解决所有的事，但最终的结果往往是成事不足败事有余。

我的老同学小君就是这样的人。读研究生时，我和小君跟着一位老教授学微观经济。老教授从业数十载，对待学术极为认真，平时也不苟言笑，但他的为人却极为正直宽厚。平日里，我们偶尔犯了点小错误，他会口头训几句，然后再很详细地给我们讲清错在哪儿。当然，这样的错误下次绝不可再犯。那几年，我跟着老教授，在专业和治学态度上学到了不少。

由于老教授的实力和为人，院里有不少项目的研究经费和活动名额都首先考虑他，我们身为他的弟子，自然也较其他人更胜一筹。

一次，院里有一个全额资助的出国留学深造名额，小君和另一位同学综合实力相当，又都是老教授的得意弟子，两人表面风平浪静，你来我往，私下还是免不了暗暗较劲，抓住每一个可能的表现机会。

那时候，院长作为受邀嘉宾要去参加一个经济论坛活动，还要在会上发言。因为有外国友人与会，因此发言稿要做成双语。那个会议非常重要，院长极为重视。当时，他亲自到我们平日做数据分析的实验室，拜托老教授帮忙找一个可靠的外语专业研究生翻译那份发言稿。

院长和老教授的这段对话我们都听见了，却也只是听听就算了。虽然我们这几个弟子的英语水平都很不错，但一是清楚这样的水平与英语专业的学生相比还是有点差距，二是这次会议的重要性我们都清楚，出了什么纰漏个人承担不起。

没想到，小君开口了，他信心满满地跟老教授推荐自己。老教授当时没答应，院长审视了小君一番，觉得还不错就答应了。

院长对老教授说："小君的英语实力我知道，上次英语口语比赛，他不是拿过第一吗？就让他翻译吧，而且这发言稿中涉及一些专业名词,让我们本专业的学生来翻译说不定更准确。"

既然院长都开口了,老教授也就没有回绝的理由,只是叮嘱小君一定要认真,小君连连点头。另一位同是候选人的同学见眼前这番场景,嘴角动了动,却什么也没说。我们都知道小君如此急于表现的原因,其实他用这种方式争取机会也无可厚非。

然而,这件事还是出了意外。

小君确实花费了不少心思翻译那篇发言稿,以期做到尽善尽美。定稿后,他还特意请英语专业的师兄帮忙审阅。发言稿是没问题,问题就出在院长之前强调的专业术语的翻译上。那篇发言稿上探究的学术本来就是当下最前沿的,里面的专业术语小君大部分都见过,但也有一两个听都没听说过,英语专业的师兄更是没听过。小君本来想去请教老教授,但一想到老教授本来就不同意他来翻译,也没好意思去。最后上网搜了一些资料,对比之后,选了他认为最恰当的翻译。没想到,还是出了问题。

发言稿中涉及的一个经济学专业名词是以一位外国教授的研究团队命名的,而那位外国教授的竞争对手也极力宣扬那是以自己团队命名的名词。平心而论,这个经济学现象的发现,两位教授都作出了不少贡献,所以一场口水战之后,也没有一个定论,仍旧是双方各持己见。

而会议上,小君翻译的发言稿恰恰选了那位与会教授的竞争对手的命名方式。所以，会议结束后，那位外国教授特意找了院长，开门见山地提出这个问题，直接质问他是不是故意的。院长半天才反应过来，解释之后又连连道歉，说是自己疏忽了。但我们院与这位教授学院的合作项目还是受到了影响，被一系列借口搁浅下来。

院长还没回来，消息就传遍了整个学院。小君当时有些不知所措了，而老教授本想责备他几句，见他那失魂落魄的样子还是忍住了，叹了口气便走了。

最后，跟小君竞争的那位同学毫无悬念地拿到了唯一一个留学名额。听说最后人选是院长亲自定的，公开宣布之前还曾找小君谈话，让他以后考虑事情要全面，别一个劲儿地想出头。

也许这件事说到底只能算小君倒霉，不过，转过来一想，若小君不是那么急功近利，这件倒霉事也不会落到他头上吧。

俗话说："没有金刚钻，就别揽瓷器活。"做事需要量力而行，帮别人做事更要这样，否则，只能是吃力不讨好。

也许你是一个乐于助人的人，但如果你有心无力的话，就不要急于应承；一旦你把别人的事搞砸了，最后收到的恐怕不是感谢，而是埋怨甚至憎恨。

你吃的都是不懂拒绝的亏

生活在这个社会上,我们不可避免地会遇到亲友真诚地向自己诉说难处,请求帮助。人们求助别人办某件事并非是盲目的,往往是经过周密的分析,认为你有可能办成才开口的。假如你确如朋友分析的那样有"手到擒来"的本事,亲友会觉得自己分析得不错。假如你的能力并不像朋友所估计的那样(而这一点你比谁都清楚),你怎么办?硬着头皮接下来?

当然,这样做也许当时不会伤了你们之间的和气,但肯定是后患无穷。一旦事情办不成,你的朋友也错过了另求别人的时间和机会。因为你不好意思拒绝,而把一件别人可能办成的事情给耽误了,那朋友们会对你作何感想呢?如果当时你能直言相告或婉言拒绝,使他知道你在办这件事上的种种不便和种种不利,以及成功的可能性多么小,虽然你的朋友可能会对你的诚意产生怀疑，但当他了解到实际情况之后，就会理解你的处境，还会对你的坦率表示敬意，相比之下，你又会失去什么呢？

很多人在想要拒绝对方的时候，会产生一种"不好意思"的心理，这种心理阻碍了人们把拒绝的话说出口。由于这种矛盾的心情，态度上就不那么热心，说话吞吞吐吐、欲说又止、欲藏又露。在这种心理的制约下，最终往往是依照对方的意图行事。即使拒绝对方，其态度也容易使对方产生误解，认为你成心拿架子，不够朋友。因此，要想使自己在工作和社会交往中，不至于惹出许多麻烦，首先要克服这种"不好意思"的心理障碍。

你不必因为拒绝了别人而感到不好意思。这样，你在拒绝时就会态度明朗、举止大方，避免被误解和猜疑。即使对方开始会对你的拒绝产生一点儿失望和遗憾，但由于你的态度表情向对方表明你是坦诚的，使对方受到感染，容易弱化对方心中的不快。如果你自己都觉得不应该拒绝，心里发虚，那么你的态度表情就会迟疑不决，对方也会觉得你拒绝的理由是不可信的。

在时装店，你在挑选一件衣服，样式和做工都令人满意，不过在价钱上你觉得不够理想。但是，看到售货员的热情服务，你又不好意思不买它。售货员就是巧用你的这种心理，越是看到你在犹豫，服务得就越热情、越周到，帮你量好尺寸、试大小，甚至动手包装好，放进你的购物袋里，造成既成事实。

生活中，不知有多少人因为不好意思说出那个"不"字而害了自己。那么，应该表示拒绝的时候，怎样才能不伤朋友的自尊呢？有经验的人们告诫我们，坦诚直率地表明态度，只是拒绝的开始而不是结束。如果要使对方不积怨，仅仅说出"不"字还远远不够。在可能的情况下，要尽量申明拒绝的理由：因为自己力不胜任、现在没有时间、有某种为难之处等。

当然，对方求助于你，事前多半思考过你有应允和不应允两种回应，而应允的可能性较大，才来求你。因此，你只有说明你不能应允的理由，才能改变他们的心理定式，对你的拒绝表示谅解。在你申明理由时，可信度越高越好，千万别随意编造理由。因为这里潜伏着一种危险：一旦对方发觉你在撒谎，认为你不够朋友，你们之间的友谊马上就会结束，甚至招致积怨难消。

拒绝别人时，要坦诚明朗，不要优柔寡断。当然，这并不是主张在任何情况下，对任何人都直来直去地说"不"。对于那些自尊心较强、反应敏感或是脸皮薄的人来说，只婉转地表述拒绝的理由，而不说出拒绝的话会更好一些。因为对方会从你的话音中体察到你拒绝的意图，做出相应的反应来。这种委婉的方式，可以避免对方感到下不来台、丢面子，避免破坏双方友好的气氛。

比如，当别人在你正要出门时来访。你在表示欢迎的同时可以说一句："你来得真巧，稍晚一会儿定会扑空！"这等于暗示对方,你马上要出门办事。如果对方是知趣的人,便会简短地说明来意后很快告辞,或者另约时间再访。这比由你发出明确的"逐客令"要好得多。需要注意的是,你的暗示必须含义清楚,使对方易于觉察。

当对方确有为难之事求助于你,你又无力承担或不想插手时,你可以用为对方寻找其他出路的方法,来弱化可能产生的不愉快。比如,"这件事我实在没有时间帮你去办了,你不妨去找某某试试。""这份资料我这几天还要用,不过图书馆里还有一份没借出去,你赶快去还可以借到。"因为对方有了其他出路,就不会在意你的拒绝了。

另外,在你拒绝对方的求助之后,不要以为这件事就到此结束了。善于体察的人常常会事后问对方他那件事办得怎么样了,以示关心,顺便再次表示歉意。

要说出表示拒绝的话,的确不是一件容易的事,尤其是面对老朋友。但是,为了你的声誉,为了不耽误别人,为了彼此都能正常地生活,为了大家都不至于误解和猜疑,有话还是明说好。有一说一,有二说二,不要打肿脸充胖子,因为那样做后果不知会变成什么样。

学会拒绝别人就像学会向别人倾诉一样重要,给你带来的益处,就是你能坦然地做人,愉快地生活。

别傻了,没有人能决定你的生活

英国女作家伍尔夫说过,每个人都要有一间自己的屋子。

毫无疑问,伍尔夫所说的"屋子",是指属于自己的独立空间。世上唯有专注于自己的生活、懂得经营自我世界的人,才能克制情感,不去打扰别人的生活。

周末早上,本想多睡一会儿的陈寒,被刺耳的电话铃吵醒。她睁开惺忪的睡眼,没有看手机屏幕上的来电姓名,就直接按了静音。她知道,此时打电话的没别人,只有表妹。这样的戏码,隔三差五就会上演。

果然,在手机无人应答之后,表妹发来了信息,想让陈寒陪她出去转转。陈寒被打扰得睡意全无,本来她今天还有份报告要写,可想到表妹总是这样"耐不住寂寞",便决定跟她出门,趁机教育教育她。

一小时后,表妹的车已经停在楼下。她自从结束了上一段恋爱后,就一直单身,没有可以缠着的男友,就把陈寒锁定为目标。原因很简单,陈寒因为前两年去了国外进修,还没来得及恋爱。这个世界上,单身的女子永远都是同性出门逛街的最佳拍档。

到了中午,姐妹两人逛得累了,就找了一家幽静的小店坐下来。

陈寒问表妹:"你平时下班都做什么?"表妹一边吃蛋糕,一边说:"不确定啊!有时跟同事出去玩,有时跟同学约会,有时自己逛逛,实在没事做,就只能去爸妈那里蹭饭,跟他们闲聊。"陈寒突然觉得自己的问题有点多余,显然表妹就是那种耐不住寂寞的人,不可能一个人待着。

陈寒感叹:"你为什么非得找个人陪呀?我看,当初就是因为你太黏人了,阿峰受不了你,才被吓跑的。今天就是出来清洗下戒指,买两双袜子,一个小时就可以搞定,你偏偏要吵醒我……你不知道我很累呀?"姐妹俩关系很好,经常会开开玩笑调侃一下,她知道表妹听见这样的话,也不会往心里去。

表妹撇了下嘴说:"看来,你也嫌弃我了!其实吧,早上我也不想打电话给你,可实在找不到其他人了。我就是不喜欢一个人待着,觉得特别闷,喘不过气来。不过,你说得没错,当初阿峰跟我分开,也有这方面的原因,他说他没有自由了,我还要死要活地跟他吵了好久,说他没良心。我真有那么黏人吗?"

陈寒半带嘲讽地说："你觉得你还不够黏人吗？我要不是跟你有血缘关系，早就跟你绝交了。话说回来，以后你最好不要这样。我们是姐妹，有些话可以直说，但别人心里有想法，未必会告诉你。不管是恋人还是朋友，都需要自己的空间，你觉得孤单寂寞了，就去纠缠别人，你敢保证别人和你想的一样吗？也许人家明明有事要做，只是不好意思拒绝你，违心地跟你出来了。一次可以，两次无妨，次数多了，势必会觉得你很烦。女人啊，要给自己的生活留点空白，有属于自己的生活。"

这番话，表妹倒是真的听进了心里。想想自己这些年来，几乎就没有空闲独处的时候，借用一句广告语来形容：我不是在约会，就是在去约会的路上。买东西的时候想找人陪，看电影的时候想找人陪，心情不好的时候想找人陪，就算去考试或面试也想找个人陪……若不是表姐陈寒跟自己讲这些，她还觉得那些推三阻四的朋友都不是真心待自己，现在想想，或许是自己打扰了别人的生活。

那次见面谈话后，陈寒发现表妹有了变化。虽然她偶尔也会邀约自己出门，但和过去相比，她的"骚扰"电话明显少了，再不会因为买一件东西也让她帮忙拿主意，去补办身份证也让她陪同。让她更惊讶的是，表妹竟然独自去海南旅行了。看着她在微信上发的照片，阳光、沙滩、微笑，陈寒心里一阵欣慰，她在照片下面回复：重生的凤凰，恭喜你！

生活如同连续剧，每一集的时间是固定的，柴米油盐、上班下班就像片头、片尾曲，熟悉得令人感到疲倦，但每天的情节故事都是未知的，有喜有忧，有苦有乐。舞台上来来回回很多人，但最终的主角只有一个，那就是自己。

不过，很多时候，我们恰恰忘记了自己是生活的主人，似乎只有和他人相处时才能感受到自我的存在。殊不知，每个人都有自己的生活重心，不懂得演绎好自己的角色，靠自己去丰富生活和心灵，往往就会加剧损害人与人之间的情感。你的热情，也许会变成他人的负担；你的介入，也许会打扰别人独立的空间。

想要不打扰他人的生活，就要先学会拥有自己的生活。周末的时间，朋友可能也希望独处，不要轻易去打扰他们。要知道，生活的乐趣通常都是跟爱好联系在一起的，读一本自己喜欢的小说，沏一壶淡淡的绿茶，看一部暖心的电影，都可以让浮躁的心平静下来。

人生的道路，始终都要自己一步步走，遇到问题的时候，可以询问朋友的建议，却不要期待对方为自己做决定。对与错，好与坏，结果没人知道，在无法保证每一个决定都是最好、最正确的时候，朋友会感到压力。

无论是亲人、朋友还是爱人，彼此间可以畅谈心声，可以分享喜乐，可以共同经历挫折，但有一点你必须牢记于心：每个人都有自己的生活方式，无论那个人是谁，都不要因为自己内心的寂寞、枯燥的生活而去纠缠他。做一个内心淡定而丰盈的人，不求他人占满自己的心房，在不为人知的心灵一角，给自己留一间"屋子"，自由呼吸，活出个性。

任何时候,你都有权利维护自身利益

很多时候,公司为了利益,老板为了公司的发展,为了利润的最大化,必然会最大限度地利用员工的劳动力,让员工做最大的工作量,甚至有时超出员工本来能承受的强度,这种情况已经在无形之中伤及员工的利益。然而,大多数员工为了能够得到老板的赏识或者害怕得罪老板,一般都会选择忍气吞声。

如果你也有类似的情况,那么你就要小心了,很可能你就是公司利益下的牺牲品。你要想清楚两个问题:是否要为了维护公司的利益就不顾及自己的利益?自己的利益谁来维护?

正军是一家金融公司的职员,为人一向与世无争,只要是领导交给自己去办的事情,就不假思索地答应下来。他认为,只要安分守己地工作,即使得不到升迁,也不会因为惹恼上司而被开除。也正是因为这一点,经理似乎从一开始就对正军特别有好感,不论大事小情都喜欢带着正军，等到正军业务稍有熟悉，就开始让他接手做业务。正军受到经理的如此厚待，做事就更加勤奋，任劳任怨。

有一天，经理把正军叫到办公室，告诉他说公司要辞退一个员工，自己不好意思去说，因为正军和这位同事熟悉，所以希望正军能够去和他说。正军二话没说，向经理打了包票，然后顺利地完成了任务。还有一次，经理说他被另外一个部门经理气得头痛，自己不想再见到那个经理，下午的一个会议就让正军代为参加。正军心里十分高兴，认为经理很看得起自己。在参加会议之前，经理在正军面前动情地痛斥了那个经理如何卑鄙无耻，如何欺负自己。正军听在耳里记在心里，开会的时候就处处找那个经理的不是。

但是，尽管正军对经理如此支持，经理却并没有因此而对正军有多少特殊的照顾，正军在他眼里甚至没有任何地位可言。

过了一段时间，公司突然决定裁减一部分人员，正军本想着自己业绩不错，又和经理有"深厚"的关系，只要老老实实工作，肯定没事。但是，经理却突然直接找到正军，给了他两个选择：一种是他可以做满这个月并得到当月工资作为赔偿，但是要算公司主动辞退他，并记入档案；另一种是自己主动辞职，但没有赔偿金，最多只发给他这个月已经上班的十天工资算作补偿。正军几近崩溃,他想不到这竟然就是自己在公司最终的结果。他隐约猜出了经理的意图,十分不甘心,他决定为自己抗争一次。

这时,他开始把自己书柜中尘封已久的《劳动法》和公司签订的劳动合同统统拿过来,彻夜进行了仔细而深入的研究,努力找出对自己有利的政策条文,然后又把自己应该得到的哪怕是一丁点儿的利益,也给列出来准备向经理索取。但是,他没有找经理,而是直接找到了总经理。

在总经理办公室,正军拿着有关文件,一改往日那种畏首畏尾的谦恭,沉着地说:"总经理,根据《劳动法》规定,用人单位应当根据劳动者在本单位的工作年限,每满一年给予劳动者本人一个月工资收入的经济补偿。而本单位的合同上又分明在这条之后加上了'工作年限不满一年的,按一年计算'。如此一来,如果公司要辞退我,那么我工作的前三年应该每年各有一个月的工资作为我的补偿,而后面的时间虽然未满一年,也应该按照一年计算再补偿我一个月的工资。所以公司至少应该赔偿我四个月的工资。另外,还有……"也许是因为正军的说辞有根有据,又是直接告到总经理面前,所以经理没过多久就屈服了,同意赔偿正军四个月工资的要求。可是没过多久,正军就发现自己其实应该获得更多的补偿。抱着"反正也到了'走人'的时刻,你无情我也无义,该是自己的一样也不能少"的念头,正军再次坐在了总经理的办公室里。

他平静地对总经理说:"我和公司签订的合同是到明年9月份才到期的,现在公司要辞退我,就应当提前一个月通知我。如果没有提前通知,又希望我马上就走,那么还应当再赔偿我一个月的工资。否则,我就到有关部门为自己讨个说法。如果这件事情闹了出去,我想谁也不会料到会对公司产生什么不好的后果。相信我们谁也不想看到,是吧。"

正军说完之后,静静地等着总经理的答复。但过了一会儿,总经理却突然大笑起来:"我本来没有打算辞退你,只是你们经理一再说你工作能力不强,不能为公司创造任何价值。但是,看到你如此坚持自己的利益,我觉得这种勇气和坚持不懈的精神,是别人所没有的。就凭这一点,我相信你今后一定会做出很大成绩来的。所以,我决定不辞退你。况且,你对法律还有些了解,我还真不想把事情闹大……"

在职场上,关键时刻自己要为自己的利益考虑,一味地屈从,势必会给别人留下软弱可欺的印象。从而让有心之人有机可乘。正军为领导的付出让领导肆无忌惮,就是因为没有在领导与自己之间定好位。而后来,领导或者因为个人关系,或者因为公司利益,便让正军成了"牺牲品"。

与领导相处,一方面要尊重领导,认真做好本职工作,对领导交代的工作任务要不打折扣地完成；另一方面，也不要丧失了自己的原则，在遇到领导的无理行为时，要能够据理力争，拿起法律等武器对自己进行有效的保护，并为维护自己的正当合法权益积极谋求解决途径，以揭露并摧毁领导的假面具（当然，这里是在有把握的情况下才去进一步争取的）。在不损害其他人利益的前提下，为自我利益抗争是合情合理的。公司的利益要维护，自己的利益也同样不可忽略。

坦率地拒绝，胜过违心地答应

只要你仔细观察就会发现，那些在人际交往中颇受好评，很有"人缘"的人，往往具有乐观、自信、开朗、直率、真诚等正能量的品质。这样的人乐于助人，能为亲朋着想，为领导排忧解难，但同时也有自己的原则，遇到自己无能为力的事，甚至是无理的要求时，他们会坦诚地表达自己真实的想法，坚决拒绝。他们明白人生的可贵之处就在于活出自我，活出真我的风采。这是一种积极的人生态度，他们身上永远都充满了活力，谁不喜欢跟这样的人相处呢？

看一个人是否真诚坦率，就要看他在生活中会不会拒绝。现实生活中，我们每个人都需要别人的帮助，也会帮助别人。但不是所有的忙你都要去帮，所有的要求你都要答应下来。遇到一些情非得已的事，甚至是无理的要求，我们要学会拒绝别人。那些总是无力拒绝的人往往在个性上会表现得犹豫、不自信，他们总会为自己的不拒绝找很多理由，长此以往，他们的自我被虚伪的面具所隐藏，展现不出真我的一面。他们害怕拒绝会破坏人际关系，始终张不开口说"不"，一次次违心地答应，换来的不一定是别人的尊重和理解。这样的人活得很累，因为不懂得拒绝，他们总是陷入别人的琐事中，为此烦恼不已。

直率坦诚地拒绝并不是完全不顾及别人的感受就生硬地回绝，那样肯定会让人心中不快，影响人际关系，甚至会伤感情。既要表达出自己真实的想法，又要达到拒绝的目的，需要我们用心体会。

可是生活中不是每个人都明白这点，有的人总也说不出拒绝的话语，让自己麻烦不断。

一天我刚下班，就接到了朋友小郑的电话，电话里她的语气焦急烦躁。我有点意外。小郑的性格我知道，平时她是一个很温和的人，很少看到她着急的样子。她说想约我出来谈谈心，我猜她可能是遇到了麻烦事，就爽快地答应了。

一见面，她一改往日的好脾气，大声叫道："烦死了，这日子没法过了！"

我打趣说："连你这么好脾气的人都发脾气了，还真不容易，说来听听，到底是遇到了什么事？"

她说:"哪里啊,你们看到的都是表面现象,真是家家都有本难念的经啊。大家都知道我的脾气好,我就是这样的人,不喜欢跟别人争。确实,有什么争的呢,争来争去多没意思。前些日子,我老公的哥哥和嫂子闹矛盾,两个人都不管孩子,就把孩子扔在我这儿,我每天要给孩子做饭,还要辅导他的学习,我都成了保姆了。一天两天还行,现在都一个星期了,我怎么受得了,真是烦死我了。"

我说:"那你要跟你老公好好谈一下,长期下去,你哪里受得了。"

小郑说:"我说过了,可是他说:'都是一家人,你就帮着点呗。'昨天,我给他哥哥打电话,希望他能把孩子尽快接走,他哥哥听了很不高兴,说什么不就是帮着照顾一下,这才照顾了几天就这么不耐烦,简直不把他当一家人看。"

听完小郑的诉说,我劝她好好地反思一下自己。这么多年来,她为了朋友的情面,为了维护家庭的和睦,隐藏了真实的自我。在外人眼里,她有这么多朋友,有一个幸福完整的家,可是有谁知道她在慢慢地失去自我,活得越来越不自信,越来越空虚,面对别人强加给她的要求,她又是那么无力拒绝。没有自己的个性,难以得到真正的尊重;没有自我地生活,把别人的事当成自己的事,最后自己麻烦不断,苦不堪言。

我们都是独特的生命个体，活出真我，就是拥有自由的灵魂，而不是任人摆布，不是做一个被别人装在套子里的人，我们要学会卸下这些面具，展现出自我，赢得别人真正的尊重！人际关系不是简单的你对我好，我对你好。尊严是建立在独立之上的，没有独立的人格，独立的思想，丢失了自我，又怎么能够得到尊重？

有时候，让"真我"露露脸，不要把真实的自己隐藏在温和的面具下，才是明智之举。学会拒绝，活出真我的风采，学会说"不"，用智慧迎接生活的挑战，用信心跨越人生的障碍，你会发现，那些麻烦都不见了！

看不惯就说出来，没有谁故意为难你

有人胡乱指责你，你表面不动声色，心里暗想自己不会与这般粗鄙之人计较，这种人只是不了解自己。

有人羞辱你，你不愿反抗，安慰自己说真英雄才不会在意这些，宁做忍辱后发的韩信，不做自断后路的项羽。

有人不断强求你，你不肯拒绝，一边心里滴血一边替人做嫁衣。不仅如此，你还告诉自己有付出必有回报；即便没有，也对得起自己的良心。

不管面对怎样的不公，你总是能迅速地调整自己的心态，让自己变成精神上的强者。虽然你是被欺辱、被占便宜的那一方，但是在你心里，你还是瞧不起那些人。你用悲悯的眼神看着他们，就如同看迷途的羔羊，你从内心深处怜悯他们，觉得他们为了蝇头小利竟然可以露出丑恶的嘴脸，竟然可以忽略人生中真正的美好，实在是可笑又可悲。

每一次在行为上或言语上被旁人牵制之后，你就会化身精神上的巨人，去宽恕他们，原谅他们。这种伟大高尚的情绪充盈了你整个身心，让你觉得自己也变得伟大无比，如同圣人一般。

可是你真的那般形象高大吗？其实，这是你的自尊心在作祟，你只是不敢态度坚定地拒绝他人；同时，心里又不愿承认自己软弱，从而为自己找了一堆看似能说服自己的理由，好让自己看上去是坚不可摧的。

有欺辱，忍着；被强求，应着；困于逆境，永不抵抗，永不拒绝。自以为这是生存之道，自以为这算能屈能伸，却从来没有意识到，一味地逆来顺受，已经抹去了你的血性、你的激情、你的抱负。你只是在"屈"而已，哪里有"伸"的机会和勇气？逆来顺受不会改善你的现状，反而将你变得越来越颓废，越来越无所谓。

很多人觉得自己不过是忍一时，不至于忍一世，他日飞黄腾达，自然不会再忍气吞声。可真的是这样吗？我们的生活和工作是从一个环境跳到另一个环境，若你不去改变自己的态度，你脱离了现在的环境，在未来的环境里你也不会有大的转变。你如何过你的一天，你就如何过你的一生。

诚然，我们不需要凡事都摆出一副宁死不屈的态度，但是你至少应该懂得何时说"不",你至少应该懂得自己的时间和精力是有价值的,不能白白付出,在自己的利益受到侵犯的时候,勇敢地站出来为自己申辩和抵抗。

有一些很好很热心但不懂拒绝别人的人,他们并不是不想拒绝,而是不敢拒绝,生怕一不小心,就会伤到跟别人之间的关系,或者伤了对方。可是我想说的是,因为你的拒绝而对你心生不满的人,你又何必与之深交呢?

有一个姑娘,跟同事非常自来熟,同事有什么小事都去找她,今天让她帮忙做个表格,明天让她帮忙写份资料。有一次,一个同事当晚约好相亲,手头有一份文件还没整理完,就拜托这个姑娘帮忙。这个姑娘心里有些不情愿,但还是答应了,结果晚上加班到十一点半才完成。其实,这份工作不是很着急,那位同事完全可以第二天继续做,他就是拿准了这个姑娘凡事都忍气吞声的性格才把工作交给她。而这个姑娘也心知肚明,只是没有拆穿,没有拒绝。

生活中,我们也经常遇到别人请我们帮忙的情况。比如,你的同事每天都让你帮忙带早点,并且指定了某几种。当然他求你是有原因的,或是住的地方太远或是容易睡过头或是上班路上没早点铺,而你每天上班都经过早点铺,觉得没问题便答应了。可是你也有不方便的时候,有时会起晚,有时会堵车,如果不用给他买早点，自己带点面包或饼干就打发了；可就是因为要给他买早点，顶着迟到的风险也要去排队。你很想拒绝，又觉得自己不厚道，因为对方事前给了早点钱事后又热情道谢，这让你很难说"不"。

时间长了，你表面上不说，心里却越来越不满，因为没法将拒绝说出口，你只好安慰自己就当锻炼身体，就当提高自己的修养。可是这种安慰只能发挥一时的作用，你做不到每天都这样安慰自己。你开始将焦躁的情绪带到工作上，甚至一想到那个同事你就会心烦，一看到他心情就变糟。可即便如此，你还是坚持要逆来顺受不做"抵抗"，这不是在给自己制造麻烦吗？

有时候人们把拒绝的后果想得太严重，觉得拒绝一说出口，缘分就得两边走。可是真的有那么多人会因为别人的合理拒绝而心生怨恨吗？如果对方是这样小心眼而又自私的人，你要做的就是远离他。

我们身边的多数人，在请求他人时都怀着感激之情，而即便对方拒绝了，也不会因此而愤恨，仍然会向对方表示感谢，这才是常态。因此，你也不用将自己逼到忍无可忍的地步，觉得不能忍，直接说出来就好。

逆来顺受，并没有办法帮你摆脱逆境；相反，它可能将你困在其中动弹不得。想要摆脱逆境，正确的方法应该是直接打破，勇敢说"不",而不是找出各种冠冕堂皇的理由来为自己的胆怯开脱。

你坦荡,别人也会坦荡。当你无力帮助别人时,坦荡地说出来,别人自然能坦然接受。面对别人的请求,如果你摆出一副满腹心事的样子,反而会引来别人的猜忌。

第六章

人生有进有退，
输什么也不能输了心情

坏情绪会让你把简单的事变得复杂

再复杂的大事业，也是由一环套一环的简单步骤组成的。宴席上那道龙飞凤舞的头菜，也需要厨师将食材一样一样选取择洗、一刀一刀切削雕刻。大事所成的难易，往往不在于它需要多长时间、多少人工，关键在于如何处理好最不起眼的细节之处。事情总要靠人来做，成败系在人身上。

当负面情绪膨胀、思绪混乱的时候，即便很简单的小事都容易做错，就算身边有明白人提醒指点，心烦意乱的人又如何听得进忠言逆耳，有些情况下，不仅不听劝，甚至会把好心当成"驴肝肺"，逮谁对谁发作一番。

艾琳在银行工作已经有三个多月了，出身名牌大学财经系的她手握闪闪发光的各种证书，讲得一口流利英语，形象气质俱佳，却与一同进入单位的其他同事一样被安排在柜台做个人存储业务。

每天面对形形色色的人，真是"数钱数到手抽筋"，别说什么金融大单跨国交易了，柜台个人业务成天都是些小额存取款，老百姓交水电费的、开卡销户的，老头老太太办小额理财的，跟她苦学四年的国际金融专业完全不沾边。这让她心中不忿，感觉简单得近乎体力劳动的工作内容让她受到了轻视和屈辱。

负责带艾琳的领导周姐，更让艾琳心中憋气。周姐从一个名不见经传的三流学校毕业，年纪也不大，身材微胖，长得不好看，却每天对她挑三拣四、吆五喝六，指挥她做这做那，还支使她做些杂活，稍微犯点错误就会被她严厉批评，什么小心小心再小心，谨慎谨慎更谨慎，戒骄戒躁心态放平稳。艾琳心想，大道理谁不懂？你坐在我这位置上试试！烦都烦死了，怎么竟是不带着脑子来存钱的，说了八百遍还是把单子填错！解释得口干舌燥还是听不懂，成天接触这些笨人让我怎么能冷静！可就是这看似理直气壮的不冷静，终于让艾琳吃到了大苦头。

那一天，艾琳又受了周姐的气——放着年轻力壮的男同事不支使，竟然叫她一起搬钱箱。半米见方的钱箱子装满了钱，要想搬动可不是轻而易举的事。再说，她早晨上班时候都说了腰酸，身体不适，心想周姐是故意刁难还是怎的，非跟自己过不去。艾琳一心认定，周姐就是看自己优秀又漂亮，心里嫉妒，想给自己难堪。

好不容易干完苦力活，两人坐在窗口开始一天的工作，周姐照例坐在艾琳身后，按照银行的要求，作为带她的师傅看着她做业务，关键时给予指导。艾琳在周姐的"监视"下如坐针毡，加上上午几位客户态度都不善，使得她心里的怒火越烧越旺，终于在她又一次对客户不耐烦的时候，周姐出声提醒了。话说得并不重，只是让她注意工作态度，但在艾琳听来，这就是人身攻击，就是鸡蛋里挑骨头，她狠狠敲击着键盘，手中的圆珠笔摔在桌子上"啪啪"响，点钱总是出错，越出错越烦。

周姐见她这样，劝又不听，只好起身去找值班经理报告。就在周姐离开的几分钟里，艾琳闯祸了——她被气昏了头，竟然违反工作纪律，掏出手机给闺密打电话，一边数落周姐的不是一边给客户做取款业务，等客户走出银行才发现鬼使神差地多点了两万元。

值班经理跟着周姐来找艾琳的时候正看见她冲出银行，揪着那位取钱的客户高声争吵。此时的艾琳已经顾不上什么职业规范什么理智形象，一肚子的委屈都化作指责发泄在了那位"缺德贪财"的客户头上，她像泼妇一样跟急于离去的客户厮打在一起……为平息事态，银行领导对客户再三赔礼道歉，才暂时解决了这场风波。受到通报批评处罚的艾琳彻底泄了气，颜面扫地不说，还要写检查，在所有同事面前检讨错误。

事情到这里已经够麻烦了,却远远不是终结。一个月后,艾琳收到了法院民事传票,那位与她厮打的客户因为被她扇耳光导致外伤性鼓膜穿孔,如果最后经法医鉴定为轻伤,艾琳不仅要赔偿对方经济损失,还有可能被追究刑事责任。

艾琳被银行开除了,丢了工作的她将独自面对诉讼,她哪里会知道,就在出事的前一天,那个惹她仇恨诅咒的周姐已经向领导提交了报告,推荐条件拔群、能力优秀的艾琳前往总部参加国际金融人才培训,她梦寐以求的大好前途已然近在咫尺了……

回顾艾琳的故事,明明是简单的工作,以她的能力完全可以不费吹灰之力完成,她却带着情绪去做,透过恶意看人,把历练都理解为"刁难",最终把一笔简单的业务搞成了复杂的灾难,害了自己。如果能够虚心接受前辈的指导,能够善意理解单位锻炼、培养新人的良苦用心,能放下骄傲自负和斤斤计较,迎接她的一定不是如此结果。

对于初入职场的年轻人来说,艾琳的经历并不陌生。接触新工作千头万绪,与新领导、新同事的协作尚待磨合,可能会觉得自己的工作技术含量不高。什么打印复印传真、布置会议室、采购办公用品、写格式化的报告、给前辈们打打下手,做得多了心中腻烦,总想"干大事"来证明自己的能力。结果反而越急躁越容易出错,越想"干大事",越干不成事。

避免坏情绪侵扰,就要争取在简单小事上不出差错。有冲劲儿、有抱负、有积极进取的精神是好事,但要注意把握度。做好每一件小事,在细节上出彩,本身就能彰显个人能力,如此一来,遇到大事时自然也能应对自如。

那些不必要的忧虑，就别多想了

上天给了每个人独立思考的大脑，有的人，用它来捕捉生活中的美好。他们从枯树的一粒嫩芽上看到春天的消息；在迁徙的候鸟鸣声中听到它们对家的渴望；在巷弄中打闹嬉戏的孩子的笑声中，回忆起自己无忧无虑的童年；他们听到任何一句美丽的话语时，会想起自己深深眷恋着的爱人。

而大多数人，却用它来发现生命的苦痛。他们在花草衰败时想到自己年华的易逝；在夜深人静唯有自己独醒时觉察到人生的虚无与荒诞；在人生的低谷时，更是满脑子里挥之不去的对于未来的不确定与忧虑。他们常常想，为什么别人会过得那么洒脱自在，而偏偏自己一无所有？

可生活这件事情，本就是如人饮水，冷暖自知的。忧心忡忡的人看到的清冷月光，难道不正是快乐的人眼里皎洁的月光吗？

所以要对那些容易情绪低落的朋友们说：与其让忧虑毁了你的快乐与健康，倒不如学着放下那些不必要的忧虑。内心的平静和我们生活中的种种快乐，并不在于我们身在何处，拥有什么，或者我们是什么人，而在于我们的心境如何。

300年前，弥尔顿在瞎眼后也发现了同样的真理："思想的运用和思想本身，就能把地狱造成天堂，把天堂造成地狱。"

拿破仑和海伦·凯勒，是弥尔顿这句话最好的例证：拿破仑拥有普通人所追求的一切：荣耀、权力、财富，可是，他却对圣·海莲娜说："我一生中从未有过一天快乐的日子。"海伦·凯勒，一个失去听力、视力的女子却表示："我发现生命是如此美好。"

除了你自己，没有什么可以带给你平静。

爱默生在那篇著名的《自信》散文里说过："如果有人说，政治上的胜利、财富的增加、疾病的康复、好友久别重逢，或者其他纯粹外在的东西能提高你的兴趣，让你觉得眼前有很多的好机会，不要相信，事情绝对不是如此简单。除了你自己以外，没有人能给你带来更多的机会。"

依匹克特修斯，一位伟大的斯多葛派哲学家曾告诫人们：我们应该想方设法剔除思想中的消极观点，这比割除身体上的肿瘤和脓疮要重要得多。

这句2000年前的话，也得到了现代医学的证明。坎贝·罗宾博士说:"约翰·霍普金斯医院收容的病人中,有4/5都是由于忧虑所引起的,甚至一些生理器官的病例也是如此。寻根究底,许多问题都可以追溯到心理的不协调。"

伟大的法国哲学家蒙田曾将以下这句话作为自己生活的座右铭:"人们因意外事件所遭受的伤害,不及因自己对这件事情的看法更深。"而对所发生的一切事情的意见,完全取决于我们自己。

当你困扰于各种烦恼与忧虑之中,整个人精神高度紧张时,你完全可以凭借自己的意志力来改变你的心境。

美国著名的心理学家威廉·詹姆斯曾经表达过这样一种观点:"通常的看法认为,行动是随着感觉而来,可实际上,行动和感觉是同时发生的。如果我们能使自己意志力控制下的行动规律化,也能够间接地使不在意志力控制下的感觉规律化。"

这也就是说,我们不可能只凭"下定决心"就改变我们的情感,可是却可以改变我们的行为,而一旦行为发生了变化,感觉也就会自然而然地改变了。

他继续解释说:"如果你感到忧虑,那么唯一能发现快乐的方法就是振奋精神,使行动和言辞好像已经感觉到快乐的样子。"

这种十分简单的办法是不是真的有效果呢?不妨试一试,告诉自己,自己曾深深陷入忧虑的那件事情不过是小菜一碟;脸上露出十分开心的笑容,挺起胸膛,深深地吸一大口新鲜的空气,唱段小曲——如果你唱不好，就吹吹口哨……这样一来，你很快就会领会威廉·詹姆斯所说的意思了：当你的行动显出你快乐时，就不可能再忧虑和颓丧下去了。

女明星曼乐·奥伯恩在一次接受采访时说，她绝对不会让自己忧虑。因为忧虑会毁了她最重要的东西：美貌。

她说："当我刚刚踏入演艺界的时候，内心充满了忐忑与不安。我刚刚从印度回来，在伦敦没有任何一个熟人、朋友，却希望在那里得到一份工作。

"我去了好几家制片厂求职，却没有得到任何一份工作。那个时候的我，不仅忧虑，还天天饿着肚子。我告诉自己：'你这个傻瓜，也许永远也进不了影坛。你从来没有演过戏，没有任何经验，你除了拥有一张漂亮的脸蛋之外，还有什么别的东西吗？'

"我拿起一面镜子，看到镜子里自己的脸，我发现因为过度忧虑，我的容貌开始受到十分不好的影响。我看到自己脸上出现了皱纹，表情显得非常焦虑。于是，我对自己说：'你必须马上停止忧虑。你拥有的只有容貌，而你的忧虑会毁了它。'"

忧虑会使我们的表情难看，会使我们牙关咬紧，会使我们的脸上出现皱纹，会使我们一天到晚愁眉苦脸，会使我们头发变白，甚至会使我们头发脱落。忧虑还会使你脸上的皮肤长斑点、溃烂或长粉刺。

再举一个例子。有一对夫妇,他们的独子在珍珠港事变的第二天加入陆军部队。母亲非常担忧儿子的安全,在极度的忧虑下,健康严重受损。她常常会不自觉地想:我的孩子现在在什么地方?他是不是安全呢?他是不是正在打仗?他现在还好好地活着吗?

那么,后来她是如何克服忧虑的。她说:"让自己忙起来。"她把女佣辞退了,希望通过做家务能够让自己忙碌起来,可是没有多少用处。因为做家务总是机械化地劳动,脑子完全是自由的,所以当她铺床时,洗碗时,还总是担忧着儿子的安全。她觉得自己要换一个全新的工作方式,才能使自己在每一天的每一个小时里,身与心都忙碌起来。

于是,她来到一家大百货公司,当了一名售货员。她说:"这下,我发现自己像是掉进了一个不停运动着的大旋涡里:顾客挤在我的四周,他们问我价格、尺寸、颜色、样式等问题。我没有一秒空闲时间去想工作以外的事情。到了晚上,我也只能想着如何让双脚休息一下。当我吃完晚饭后,躺在床上,很快就进入了梦乡,既没有时间,也没有体力再去忧虑。"

这位太太便是以这种方式,将自己脑子里缠绕不去的忧虑赶走的。

她可以,你也可以,只要想赶走忧虑,每个人都可以。生活,原本就是一场前途未卜的旅程,若是你一味地为未来不确定的事情而忧虑，你如何能享受每一个自在的当下？若是你全身心地陷入某种忧虑而无法自拔，你如何有心力去做能让你忧虑的现状有所改变的事情？

　　清空你脑子里的忧虑吧，试着去听鸟的叫声，去看繁花盛开，或者在某个百无聊赖只能胡思乱想的下午去咖啡馆或者书店，再或者约三两好友一起爬山、喝下午茶，聊聊曾经一起的欢乐时光和某个人的糗事，然后开怀大笑……总之，你能做的事情有很多，而不仅仅是忧虑。

当你放过自己时，别人也能体谅你

据世界卫生组织研究表明，目前约有70%的职业人士，不同程度地生活在亚健康状态中。情绪长时间得不到发泄，会引起慢性疲劳、代谢异常等症状。特别是现在的职业人士，处在事业、生活和家庭的风口浪尖，肩负重任，难免遭受挫折和失意。

生活和工作的压力固然是有的，但好心情的保持还需靠自我的调节。要想拥有好心情，我们必须学会适时地放过自己，别跟自己较劲。这才是快乐生活的关键。别跟自己较劲，就是告诉你时刻保持快乐的心情，不要为得不到而悲伤，不刻意追求，该做什么就做什么，保持自己内心的快乐才是幸福的源泉。

周先生是一家国企的业务科长，平时的工作压力就不小。作为部门负责人，他是各部门考量一年工作业绩的中心人物。近年来公务员的门槛越来越高，能进入国企工作的都是各个领域的佼佼者。因此，要管理好这样的下属并不轻松。俗话说，人多的地方是非多，周先生所在的部门当然也不能免俗。之前，下属之间的纷争早已令他头痛不已，他稍有处理不慎，就会成为被责难的中心。

部门里的小刘家庭条件原本就很好，在部门里说话做事又很随性，从不顾及别人的情绪，再加上他的工作业绩始终名列前茅，很多人看他不顺眼，暗生了嫉妒之心。周先生作为部门负责人，公正地肯定小刘的工作态度和能力，因此也遭到其他下属非议。

周先生真是既气愤又委屈，心绪始终无法平静。在单位，他把怒气撒在小刘身上，把小刘搞得一头雾水，辨不清缘由。回家后，他又把脾气撒在妻子和孩子身上。

周先生的妻子知道了原因后，为了让他尽快调整好心态，就充当起他的心理医生。妻子让他换位思考，从员工的角度去想，他们现在的言行其实完全可以理解。于是周先生试着照做，效果还不错。事实上，立场不同，考虑问题的角度也会不同。倘若彼此都能多点体谅，尤其是当利益发生冲突时，能保持平和的心态，实事求是，就事论事，那么，无论上司与下属，还是同事之间，融洽相处应该不会很难。

工作、生活中的琐事，有时多得令人抓狂。要想自己快乐，对于一些没有原则之争的琐事，纵然不合自己的心意，也可以"糊涂"为上。事情不论对与错，好与坏，内心不论快乐与痛苦，还是荣誉与耻辱，都是来了又去，去了又来，它们终究都是过客，都会变成句号。我们只有善于把烦恼抛之脑后，才能活得五彩斑斓，才能体会云淡风轻。

跟自己较劲并不能帮你理性正确地处理事情，反而会令你越来越偏执。有时候跟别人过不去，就是跟自己过不去，最后还让自己陷入了气愤中，伤害自己，这又是何必呢？放过别人，放过自己，在不较劲的状态中，才能延展生活的快乐。

太多焦虑源于想太多

在病态心理中有一大类被称为"妄想症",现实生活中,有两成左右的成年人存在不同程度的妄想心理,他们可能会认为周围的人在观察和监视自己,甚至可能试图伤害自己,这种无理由的轻度妄想被称为"受迫害意念",另一些人则总琢磨自己是不是身体有问题,患上了什么病,强迫性地去医院做身体检查,在没有明确器质性病变的情况下坚持吃补品和药物,从而得到心理上的宽慰。

处在焦虑情绪之下的人也会出现一些轻度妄想症症状,如主观、敏感、多疑、好幻想,而且幻想的方向总是集中在负面的坏事上,想太多停不下来,从而焦虑不已、难以自制。

沈珊珊最近常感觉自己右侧腹部有点疼,一天午餐时她无意间对公司的同事小周说起来,结果小周十分紧张地又是摸又是按,问她是右上腹疼还是右下腹疼。珊珊也说不好,但看见小周那副样子,她便问:"就是感觉肚子里面偏右上一点的地方时不时胀痛,有一段时间了,夜里疼得厉害点,现在不是很明显,上腹下腹什么的有那么重要吗?"小周紧皱着眉头说:"珊珊,我说话你可别不爱听,我舅妈前些天刚没,我不是跟你说了吗,你知道她是怎么没的?是肝癌!我听家里人说,她确诊后没到半年就全身扩散了……确诊之前也是,也是右侧腹部疼,医生说那个叫'肝区疼痛'。我看你最近气色都不太好,你说会不会……"沈珊珊没听清小周后面说了些什么,"肝癌"两个字像一颗原子弹那样在她的脑海里炸开,她下意识地捂住右腹,仿佛摸到了什么圆鼓鼓、硬邦邦的东西。

回到办公桌前,沈珊珊也顾不上工作了,她打开网络搜索页,输入"肝区疼痛"和"肝癌",眼前一下子蹦出许多关于肝病症状和病程发展的介绍。她一边看一边回想自己的症状,越看越像,每一条都像是在说自己,右侧腹部的疼痛也越来越明显,真像是寒冬腊月被泼了一盆冷水,从头凉到脚,握着鼠标的手心全是汗,难道自己得了肝癌?难道自己这么年轻就得了绝症?

她继续看,网上还写家族有癌症病史的人更容易患病,饮食不规律、饮酒熬夜的人也容易长肿瘤。天啊,珊珊被自己的推测吓了一跳,心里已经确认了一大半,自己恐怕就是遭遇了肝癌这个恶魔。怎么会是这样,她精神恍惚地继续检索,继续查找网上关于肝癌治疗方法和生存率的文章。这期间她想到了如果自己死了父母该怎么办,想到自己跟男朋友交往了一年多,两人现在都有结婚的意思,但她可能没有机会穿上那件洁白的婚纱了,甚至想到了要不要用最后的生命赶紧生个孩子,让父母以后也有个念想……这些乱七八糟的想法一旦冒出来就停也停不下来,直到同事走过来喊珊珊下班一起走,她才注意到自己对着电脑看那些东西不知不觉已经过了4个多小时。

揉着胀痛的眼睛,沈珊珊六神无主地走上了回家的路,她脑子里不断翻滚着自己年纪轻轻就身患绝症的悲惨人生。途中接到男友电话问她晚上去哪儿吃饭,她哪儿还有心思吃饭,张口就说咱俩分手吧,说完就关了手机。

她心里太乱了,需要一个人好好静一静,便想着去湖边坐坐,没想到半路上因为精神不集中被一辆电动车撞倒了,小腿伤得很严重,鲜血哗哗流,珊珊赶紧开机打给男友求救,等男友赶到医院,她便哭得昏天黑地向他倾诉。男友听珊珊说了自己的"病情",才知道她为什么突然说要分手,真是哭笑不得,正好两人就在医院,他便陪着珊珊去做了全身检查。

第二天下午,珊珊拿着肝功能一切正常的检查报告一瘸一拐地出院了,她根本没有肝病,腹痛不过是消化系统不适的小毛病,但腿上的伤可是货真价实，之前的紧张压抑珊珊现在想想都觉得丢人。

像沈珊珊这样因为亚健康状态身体出现不适的上班族并不少见，工作繁忙，压力也比较大，身体就很容易出现这样那样的小状况，但又没有充足的时间去医院检查，白领们就想到了借助强大的网络。网络确实能帮我们搜集大量的信息，但那些信息的精确性是没有保证的，就拿医疗方面的资讯来说，同样的症状可能有完全不同的病因，只靠模棱两可的推断，怎么可能就能断定自己得了什么病。况且珊珊是带着"我一定得了绝症"这样的想法去检索信息，在焦虑不安的情绪之下，她根本无心辨别信息的真伪，只管按照自己琢磨的最坏情况去找依据，越怕越想，越想越怕。

生活中很多焦虑的情绪都源自对消极的信息接收太多，顺着消极的方向想得太多。事情就怕琢磨，因为"琢磨"本身是个主观的过程，可能引发客观的负能量聚集，使人陷入紧张惊惧的旋涡难以自拔。感觉到身体不适，不要急着给自己的健康状况下诊断书，医生的工作就留给他们去做，我们要做的是安心完成手头的工作，然后视情况及时去医院做常规化验。

别想太多，钻牛角尖只会让你更焦躁不安，你应该学会：

1.用积极的眼光看待事物。原本积极的东西，应该带给你快乐的好心情，但你用消极的态度去分析、去琢磨，它就变成了坏的，让你痛苦的；原本就消极的坏东西，你再往坏处想，那不是不给自己留活路了吗？

2.相信总有好事发生在自己身上。你盼什么，命运就会赐给你什么，别把世间的负能量往自己身上吸引，没病也能琢磨出病来。

3.用有限的时间把握现在。对未来的幻想和忧虑每个人都会有，但记住，别让未雨绸缪变成自我折磨，你所忧虑的那些事其实绝大多数都不会真的发生，但全神贯注地为它们操心却有可能让你遭受其他不测。

轻轻地抚平那莫名所以的焦虑

电影《蒂凡尼的早餐》有一处情节，作者借助女主角之口，娓娓道出了人们内心深处普遍存在的一种情愫："焦虑是一种折磨人的情绪，焦虑令你恐慌，令你不知所措，令你手心冒汗。有时候，连你自己都不知道焦虑从何而来，只是隐约觉得什么事都不顺心，到底是因为什么呢？却又说不出来。"

很多人在对待工作、生活和情感时，往往会不知不觉陷入忧虑的状态中，一颗心像悬浮在空中，没着没落，突然想到未来、想到没有发生的事，也会感到莫名的恐惧。他人一句不经意的话，路边偶见的一个场景，都可能让他们的情绪顿时从晴到多云，甚至掀起一场狂风骤雨。

心理学家坦言，多数人觉得不幸福，主要原因就是生性爱担忧、常焦虑，惶惶不可终日。当然，有些焦虑事出有因，比如感情受挫、经济危机、工作不顺等。但是，更多的时候，我们的担忧都是自己臆想出来的，不过是杞人忧天。在那些"假想敌"的面前，不知如何应对，也不知如何解决，就深陷在泥潭中难以自拔。

林可儿是个谨小慎微的女人，读大学时没有旷过一次课，上班后也从不敢怠慢每一项工作。常有人赞叹她认真、有责任心，她心里明白，这不过是真相的一部分。有许多心事，她从未开口向谁说过，她不知该如何告诉别人，其实自己是一个经不起事的人，一点儿风吹草动就乱了分寸，寝食不安，所以她才会循规蹈矩、按部就班。

某个周五，临近下班的时候，经理在网上跟她说了一句："下班后到我办公室来一趟。"看到这句话时，她的头嗡地一下，瞬间一片空白；随之而来的，是忐忑不安。她很害怕，心想："是不是我做错了什么事？难道是要开除我？"她越想越焦虑，甚至有一种干呕的感觉。那一个小时里，她几乎没做什么工作，手指头都变得冰凉了。

终于熬到了下班，周围的同事陆续地都走了。她做了一次深呼吸，鼓起勇气敲响了经理办公室的门。只见，经理笑脸相迎，和颜悦色地告诉她："这次你写的产品报告很好，客户非常满意。按照公司的规定，每次项目通过后都有奖励……"原来，经理留下她，是为了发奖金，她却因为胡思乱想，折磨了自己一个多小时，实在有点儿庸人自扰。

一位做事干练的职场达人，每天笑脸盈盈，似乎没什么事可以难倒他。可就在一年前，他还因为焦虑而日渐憔悴，不得不走进医院的诊室。

当时，他还是公司里的小文员，不怎么起眼。恰好，行政部空出了一个助理的职位，公司打算从内部提升。为了争取那个机会，他拼命地工作，经常加班熬夜。忙碌的工作加上心理上的压力，让他每天夜里辗转反侧，心绪不宁，有时梦里都是工作的事。早上起来，头昏脑涨，身体也轻飘飘的，根本无法集中精力做事，总想着晚上回去早点睡，可躺到床上之后，睡意全无。这种情况，持续了整整两个月，终于把他逼到了崩溃的边缘。

医生倒也很坦白，直接对他说："你精神压力太大，我只能给你开一些缓解神经的药，其他的只能靠你自己了。你的失眠是因为心理上的问题，什么时候不焦虑了，也就好了。每天晚上睡觉前，最好什么都不要想。哪怕睡不着也没关系，不要去想它，也不要强迫自己非要睡着。工作的事，只要尽力就行了，也不能强迫自己背负太多东西。"

配合药物治疗和自我放松的心理暗示，一个月后，他的失眠症痊愈了。反思患失眠症的这段经历，他恍然明白：其实失眠不是最可怕的，最可怕的是心里的忧虑。

自那以后，他不再刻意给自己增加压力，在能够承受的范围内做好自己该做的事，其他的不去多想。放下了心理上的负担和情绪上的焦虑，多了一份"但行好事，莫问前程"的洒脱，许多事情也变得不复杂了。从容地走过几个春秋，没有苛求什么，没有患得患失，曾经憧憬的那些东西，却都一一得到了。

焦虑不总是错的，从某种意义上讲，它其实是一种自我保护意识。但如果让焦虑愈演愈烈，甚至影响了正常的生活，那就得多加注意了。

你可以把焦虑的事情都写下来，然后逐一去想，该怎么解决掉这个问题，知道有办法处理，心里的压力就会小很多。如果是无法改变的事，就要学着淡定，学着看开。既然已经没有更好的办法了，就不要再在情绪上折磨自己，搅乱当下和未来的生活。有时候，困惑和焦虑就是因为钻了牛角尖，一旦把目光和思想从那件事上抽离开来，过段时间再回头看，会发现当初焦虑的事也不过如此。

此外，尽量把自己的生活安排得井然有序，不要什么事都堆在一起，在时间和精力上给自己造成紧迫感。把最重要的事列出来，优先去做，就算当天还有许多小事没做，也不会有太大的影响，让生活烦乱不堪。总而言之，焦虑这种情绪，随时都可能会出现，唯有持一份淡定的心态，学会轻轻抚平自己的情绪，才不至于被生活的琐事牵绊住脚步。

清理心灵包袱，才能轻装上路

生活中存在太多的可能性，有太多我们想要得到的东西，所以基本上每个人心中都有一个念想；生活中有太多的干扰，有太多吸引注意力的东西，所以基本上每个人心中都会有一个外面世界喧嚣的影像。

人们总是过分地看重那些想要得到的东西，不断地付出自己的真心和努力，唯恐失去它，但越想得到的东西越是会轻易失去，越是想要保护的东西越是容易遭到破坏，这是一个生活与情感的悖论。也许是生活和我们开了一个不可思议的玩笑，但这样的玩笑经常上演。每个人都在努力追求幸福，但用力过度时，这幸福反而变成了包袱。

人生不可太过执着，过度地执着就是一种破坏。武则天死后，认为身后的名誉实在不值得再劳神费力，于是立下无字碑，将一生的是非功过任人评说，自己根本不在乎。她坦然放下了心中的包袱，结果就连那最苛刻的评论家对此也不得不佩服。素有争议的武则天在这里却成了帝王之中的典范，可谓"不着一字，尽得风流"。

执着之人往往心存包袱，得不到的东西，偏偏想要得到，能够得到的东西又担心自己得不到，总是在犹豫不决和担惊受怕中度过。害怕遭到拒绝的人，承受着爱情的包袱；害怕不能完成任务的人，承受着工作的包袱；而害怕理想难以实现的人，则承受着生活的包袱。每个人都有自己的包袱，每个生活阶段都有自己的包袱。背负不起的就要坦然放下，永远不要等到自己走不动的时候，才想起来止步休息。为什么不在事前就减轻身体的负重呢？生活总是如此，只有轻装上阵才能走得更加轻巧，也才能走得更远。该留下的自然要留下，但该放弃的东西就要及时放弃，因为人生经不起太多的负重。

有位旅者遇到了一条大河，河水湍急难以纵身游渡过去，而河面上并没有桥，就连绕道而行的路也没有，于是他只好花费大力气制造了一排简单的木筏，然后才顺利地渡到了大河的彼岸。渡过大河之后，他认为木筏对自己的帮助非常大，日后说不定还有用，于是毅然决定继续扛着木筏前进。不过木筏实在过于沉重，他累得气喘吁吁，只好坐在路边稍微休息一会儿。

这时，无际大师恰巧经过此地。旅者见到无际大师后，非常高兴，于是就向他请教如何才能更加轻松地带着木筏上路。无际大师摇摇头说："你过河时，木筏自然很有用，但现在走的是陆路，木筏就失去了作用，反而成了前进道路上的累赘。既然觉得累了，你何不坦然放弃呢？"旅者听完之后觉得自己的行为实在太过迂腐。谢过大师之后，他毅然放下了木筏，继续轻松前行。

我们不要习惯于沉醉在过往的美妙回忆之中，常常陷在过去的印象世界里难以自拔，因为生活还要继续前行。你背负着以往的思想包袱，就注定无法走得更快更远，因为过往生活的包袱总是束缚我们的自由，而一个不自由的灵魂是无法走得更远的。

人生就是一场旅行，每一段新的旅程中都会带上新的包袱上路，所以每一段新旅程的开始，就意味着旧包袱的淘汰。我们对此也无须留恋，必要的时候需要坦然放手，也只有及时放手，才能保证更加轻松自由地上路。

否则，日益增加、堆积的包袱一定会成为自己征途上的一个累赘。放不下包袱，我们也就走不出人生的困惑和沉重。

包袱来源于外物的诱惑，或者说来源于人的欲望。生活中处处都有包袱，我们的所见所闻所言所感全部都会在心中留下烙印，这些就是生活的包袱。当内心不能保持宁静时，就很容易被接收到的讯息所干扰，讯息越多，干扰就越大，包袱也就越重。我们往往很容易就会带着这些讯息上路，从而导致我们不能够安然地走好人生的每一步。面对众多的纷扰，只有坦然放下，才能保证自己能够一心一意地坚持走下去。

有个小和尚随同师父一起远游修行，一路上小和尚东看西看，十分好奇，师父立刻要他放下所见之物，小和尚于是老实了一些。路上的各种鸟声吸引了他的注意，正当他竖起耳朵听得陶醉，师父严肃地说道："放下。"

小和尚于是不敢另作他想，一心走路，但他觉得实在无聊，便主动和师父讲起路上的见闻，没想到师父再次说："放下。"

小和尚只好闭上了嘴，开始安心地走路。就这样走了几天之后，师父突然对弟子说："你已经可以独自远行了。"小和尚以为师父要抛弃他，于是就不解地问："我还不知道如何去修行呢！"师父笑着说："你已经目不视物、耳不闻声、口不言事，真正做到了心无杂念。我原本担心你不能走远，所以与你同行。现在你心无杂物，自然就可以走得更远。"

我们要时刻保持内心的清净，要尽量做到心如止水。一旦内心起了波澜，那么动荡不安的将会是整个人生。

挑水的担夫们知道，两桶平静的水，很容易就能挑起来，但是水桶里的水一旦四处搅动，那么担夫肩上的担子会重许多，就连走路也会不稳，因为动荡的水给肩膀增加了额外的力度。

一个人心存杂念的时候，这杂念就会成为沉重的包袱。人生的包袱就像举起石头一样，时间越长就感觉包袱越沉重。石头的重量没有变，但加上了时间的重量，人往往就会难以承受。时间固然可以稀释和忘却烦恼，但是时间也会沉积更多的哀怨和不甘。在时间的指引下，生活若不能平复，就注定要激起更大的波澜。

我们常常无法坦然放下人生的负重，但人生需要更轻松的行程，需要更广阔的天地。一个不能放下包袱的人，永远都是生活的囚徒。

每个人身上或多或少、或轻或重都会有一些包袱，但你要明白，生活究竟给了你多大的负担，而你的肩膀又能承受住多少负担？生活负担不起一个太过沉重的人，我们也负担不起一颗太过沉重的心。只有洒脱地放下心中的包袱，人生才能潇洒走一回！

警惕身边的"情绪污染"

坏情绪的扩散无疑会造成一种紧张、烦恼甚至敌意的气氛在人群中蔓延。情绪污染是指在消极负面情绪的影响下,造成大面积或连锁性质的多人心情不畅,负能量在一定范围内堆集。

坏情绪就像恼人的流感病毒,人群中一旦有一个人"染病",其他与他接近的人也可能跟着遭殃。情绪病毒的产生是心理平衡机制失调所致,它的传播也是借助个体粗暴、冷漠等消极态度去攻击他人的心理防卫机制,造成被攻击者与"病原体"情绪同化,变得情绪低落甚至比他更加郁闷、暴躁。

亚楠受了领导的气,一大早就因为别人的错误背黑锅,挨了骂还被扣了半个月的奖金,她心里这叫一个憋屈。碍于领导的威严,她敢怒不敢言,连解释的话也不敢多说,眼泪在眼眶里打转。好不容易在同事异样的眼光中熬过了上午,中午去餐厅吃饭时,邻桌的男人不小心把菜汤溅在了她的衬衣袖子上，这可一下子激怒了满腔怨气的亚楠。她腾地站起来，指着那个"肇事者"就破口大骂："你是没长眼睛怎么着！菜汤甩我身上了！我这衬衣好几百买的，沾上臭油腥洗不掉你懂不懂！什么素质啊你！"而被骂的这个倒霉男人名叫林海，跟亚楠同在一个公司却不在同一部门，顶多见过，互相却不认识。他自知理亏，对方又是个明显岁数比自己小的姑娘，在众目睽睽之下不好发作，只得连连道歉，饭都没吃完就端着盘子耷拉着脑袋逃也似的离开了餐厅。

回到办公室，林海越想越觉得委屈，把菜汤溅到人家衣服上确实是自己不对，但自己真不是故意的。而且这事也不到十恶不赦的地步，对方犯得着骂得那么难听吗？自己都这么大岁数了，当着那么多人被一姑娘劈头盖脸地骂，周围还有好几个下属在看热闹，脸面往哪里放。他越想越气，恨自己刚才忍气吞声太软弱，就应该狠狠回敬那个"泼妇"几句，让她知道什么叫真正的没教养。

在这种"一失足成千古恨，一嘴软成软柿子"的悔恨和不甘中，林海度过了一个如坐针毡的下午。好不容易盼到下班了，部门却来了紧急任务，要他再加一会儿班。林海心有不满，也没有别的办法，只好苦丧着脸继续埋头工作。

这时候他的电话响了起来，来电话的是他的老母亲，接起电话就听母亲催促道:"怎么还不回来,我和你爸早就做好了饭,汤都凉了,你不会又把回家吃饭的事忘了吧?"林海这才想起来,早晨跟父母约好了晚上回家吃饭,但是手头的活儿还没做完,他心里气急,对母亲没好气地说:"你怎么就知道我忘了!我又不像你跟我爸,退休了成天在家闲得没事干,我还要工作!老板让我加班难道我能说不加就不加吗?真是的!老这样催催催,你们不会先吃吗?没事尽给我添乱,我这忙成这样了还要跟你讲电话!我不回去了,你们自己吃吧!"说完就挂断了电话。

  电话那头,林海的母亲气得手直发抖,老太太心疼儿子,从中午就开始忙活,特意做了一大桌子他最爱吃的菜,却没想到打个电话喊他回家会遭到这样一顿抢白。

  撂下电话,老太太开始抹眼泪,林海的父亲一看老伴哭了,拿起电话就要好好教训一下不孝子,老太太却拉着他不让他打,儿子的话如钢针插在她心口,"成天闲得没事干……就知道添乱……"她不想自己岁数大了成为儿子的负担,更不想让老伴也面对儿子不耐烦的吼叫。林老爹气得跺脚,转过脸来就吼林海的母亲,说儿子这么混蛋都是被她这个当妈的惯出来的,捧在手心怕摔着,舍不得打舍不得罚,才变成如今这么放肆,一点儿也不懂孝道。

  骂完了哭哭啼啼的老伴,林老爹扔下筷子甩门离去,林家这顿家宴算是泡汤了。气得呼哧带喘的林老爹下了楼，迎面遇上邻居孙大爷，孙大爷见他吹胡子瞪眼往前冲，赶忙拉住他问出什么事了。俩老头把这事一聊，原本开开心心出来遛弯的孙大爷想起自己远在外地的女儿，平时电话不打一个，不到过年连人影也见不着，心里一股悲伤涌上来，也跟着连连叹气。两个老头坐在花园的长椅上，落寞的背影格外凄凉。

心理学上有个著名的"踢猫效应"，说的是人的不满情绪和糟糕心情，一般会沿着等级和强弱组成的社会关系链条依次传递，由金字塔尖的强势者一路扩散到最底层的弱势者，无处发泄的最弱小的那一个群体，被形象地比喻成"小猫"，就成了最终的受害者。

任何人都会有心情不好的时候，每当这时，首先要有点儿忍耐和克制精神，学会善良积极的情绪转移，做到不把不良情绪发泄到周围人身上，不能仗着自己的身份、地位肆意欺凌弱小；其次是不能把工作场合的坏情绪带回家，将心中怨气发泄到与自己关系亲密的家人身上。

一个控制不了情绪，不懂得尊重和保护周围亲友的人，不能算是一个成熟、有责任心的社会人。不要以为把情绪发泄到别人身上对自己有利无害，这个世界上没有不需埋单的伤害，当一个人不注意调节自己所处的情绪环境，任由情绪污染发生、恶化，最终受毒害的还是自己。

没错,你只是输给了犹豫

站在人生的十字路口,很多人总会徘徊不定。事情本身也许并不复杂,只因内心不够坚定,总是瞻前顾后,患得患失,最后错失良机。

不久前,苏媛媛还是一家大型广告公司的策划助理,而今她已经是一位独立的策划师了。做助理的时候,她每天忙得不可开交,不是打印文件就是写报告、送资料,像机器人一样被呼来唤去。苏媛媛是个普通的女孩,模样算不上俊俏,但也说得过去。可在美女如云的广告公司里,她还是有那么点自卑,觉得自己就像角落里的灰姑娘。

公司新调来的总监叫李康,年轻有为,阳光帅气。一次聚会上,李康磁性的嗓音引来众位女同事的尖叫,外加他平日里脸上总挂着亲和的笑,对下属像朋友一样,没有一点架子,着实赢得了不少女同事的好感。苏媛媛也在其中，但她只是默默地关注着李康，不敢妄想。

公司接到一个大的广告单，是为一些新的楼盘策划广告。眼下，老式的广告已经没有办法引起消费者的兴趣了，旧的方案必须全部推翻，不得参考。总监吩咐每个策划师都要交一份像样的策划案，再从中挑取最合适的。

几天后开会的时候，总监认为上交的几份策划案都不太理想，希望策划部的同事都能参与进来，助理也要做一份。其实，苏媛媛一直是想做策划师的，只是当初应聘时没有任何经验，只好做了助理。耳濡目染这么久，她现在对做策划也有了一些想法，几次跃跃欲试，又怕公司里几位策划师笑话自己班门弄斧。眼下既然有这个机会，何不好好把握呢？她连续三天加班到深夜，修修改改十几次，终于做出了一份让自己颇为满意的策划方案。

谁知，策划案交上去的第二天，就被无情地退回来了。她的上司，执行策划师郑丽，说她是异想天开。郑丽是个喜欢冷言冷语的女人，平时看谁都不顺眼，对助理更是苛刻。人在屋檐下，不得不低头，苏媛媛是她的下属，论职权和资历，都没有办法与之抗衡，就一直忍了下来。

这一次，郑丽一番阴冷的话，又打击了苏媛媛的信心。她犹豫了，长久以来的隐忍让她的畏惧已经变成习惯，若是这次非要逆着郑丽上交策划案，再落得没通过的下场，往后的日子会更难过……可是，这真的是一次机会，她也确实对这份策划案比较满意，若就这样错过了，实在可惜。她一方面觉得自己理应敢作敢当，一方面又惭愧自己的懦弱，不知如何是好。

午休的时候，她拿着策划案，在总监办公室门口踟蹰着。谁料，李康根本没有在办公室，他从苏媛媛的背后叫了她一声，着实吓了苏媛媛一跳。他得意地笑了，说："怎么了？站在这里发呆。这么大的人了，遇事淡定点，想做什么就去做，别这么犹犹豫豫的。"

李康轻松的话语中，透出了一股坚定，无形中刺激了苏媛媛的勇气。那一瞬间，她什么都没想，直接走进李康的办公室，把存有策划案的U盘递给李康，说请他过目，给点建议。李康工作时的状态，完全不似平常那般随意，眉头时而紧蹙，时而舒展，苏媛媛的心悬在喉咙眼，等着最终的"宣判"。

没想到，李康看完之后，大赞不错，提议让苏媛媛做一个PPT演示文稿，给大家详细介绍一下她的策划案。结果，她的一番演说配合新颖的创意，赢得了众多同事的一致认可。苏媛媛如释重负，也找回了失去已久的自信。此时，苏媛媛才明白一个道理：有些事做错了不可怕，怕的是从未做过，就在犹豫中错过了机会。

不久之后，苏媛媛就成功从助理晋升为策划师，与郑丽平起平坐。相较过去，郑丽看苏媛媛更是不顺眼，从前的下属竟赶上了自己，她脸上挂不住，心里也窝火。狭隘和怨恨，占据了她的心，她工作上频繁出错，最后竟主动辞职了。

苏媛媛一点点地克服犹豫的习惯，让自己朝着果敢的方向靠近，事业也开始顺风顺水。让她更意外的是，在工作中与李康接触多了，他对自己竟格外欣赏，两个人之间渐渐地擦出了爱的火花。

犹豫的人，心是脆弱的、不自信的，害怕别人的嘲笑，担心别人的批评，做任何事情都像是遭遇了一场狂风暴雨。殊不知，这个世界并不是掌握在那些嘲笑者的手中，而是恰恰掌握在那些能经受住嘲笑与批评并不断往前走的人手中，经历了黑暗的苦痛，才会有破茧后的阳光。

走过生命的旅途，谁都有彷徨和犹豫的时候，也会有失败与寂寞的悲凉。然而，生命短暂，永不停驻的时光经不起一次又一次挥霍。犹豫就好比人生的一个大关卡，唯有战胜了它，勇敢地穿过去，才会跳到人生的另一个高度。所以，想要什么就勇敢去追、去争取，不要徘徊在许多假设性的框架中，折磨自己的心。不管别人在你耳边说了什么，心绪都不要随之摇摆，轻轻放下那些包袱，不动声色地面对所有，勇敢前行。

挣开精神的枷锁，在释怀中解脱

作家乔叶曾说："很多事情，会因为知道得过多和过早才变得更加复杂，对此，最简单的处理办法就是什么也不知道。"

如果真能"什么也不知道"，清清静静、纯纯粹粹地过一生，无疑是一种幸福。遗憾的是，很多事情我们来不及判断想不想知道，来不及选择要不要尝试，它就已经悄然降临，不得不去面对。匆匆来去之间，心灵没有任何的防备，不知不觉就给生命划开了伤口。悲伤与痛苦，在时光的凝结中化作记忆，一次次地浮现在脑海，叨扰着平静的岁月，和我们那颗柔软的心。

她从来没有离开过自己生活的小镇，到了适婚的年龄，经人介绍认识了现在的丈夫。两人互有好感，之后就顺理成章地结了婚，其间没有什么特别的故事，也没有什么浪漫的经过。

婚后一个礼拜，丈夫回到城市里打工。他们之间，似乎还未享受爱情的甜蜜，就直接变成了亲人。她是个传统的女人，心里相信丈夫是个有责任心的男人，外出打拼也是为了家、为了她。至于电视里看到的那些背叛婚姻的事，她想都没想过。丈夫走后，她开始盼着过春节，日日掰着手指算，还有多少天丈夫会回家探亲。

婚后第二年，丈夫在城市里已经有了立足之地，便把她接了过去。第三年，她生下了儿子。自从有了儿子之后，她大部分的心思都放在了儿子身上，日子过得忙忙碌碌，倒也还算充实。她不知道，此时的丈夫其实已经在外面认识了另外的一个女人。

某天晚上，她帮丈夫查手机通信费的时候，看到很多与同一号码的通话记录。她问丈夫，这是谁的号码？丈夫说，是办公室里一个女孩的。她不禁起了疑心：每天在一个办公室里上班，朝夕相处，用得着每天打电话、发信息吗？

在她的质问下，丈夫坦白说了实情。那个女孩年轻时尚，二十出头，是他的下属。他说，自己在外面打拼很孤独，有一次生病了，那女孩给他买了药，嘘寒问暖，两个人的关系就变得紧密了。她不敢相信，这样的事情竟然会发生在自己身上。丈夫承认，他只是一时糊涂。

半年后，丈夫离开了那家公司，回老家开了店铺。可她心里，始终有个疙瘩，因为是丈夫在收拾东西的时候，把那女孩的照片也带了回来。她控制不住自己的情绪，三番五次对丈夫冷嘲热讽，就像变了一个人，完全没了平日里的柔顺与体贴，疯狂地与丈夫大打出手，而后回了娘家。

她想离婚。可是，当丈夫领着儿子出现在她面前的时候，看着儿子那稚嫩的小脸，她怎么也狠不下心。离婚，她和他是解脱了，彻底断了关系，可孩子怎么办呢？可再想起，丈夫在外打工，她自己照顾孩子，本以为丈夫是为了让她和孩子过得更好，自己把所有的委屈都咽下了，却没想到换来这样的结果。她的心，该如何承受这份伤害？

为了儿子，她只好跟着丈夫回了家，但心里并未原谅他，而是开始了冷战。丈夫努力弥补自己的过错，可他对她越好，她心里越是别扭，总会想到他也曾这样对待过另一个女人。每每想起，她就忍不住讽刺上两句，让两个人再次陷入争吵。

心里这点苦，该向谁说呢？她想到的只有一个人，姐姐。

坐在姐姐家的沙发上，她一脸憔悴，头发凌乱地披散在肩上，以前腼腆爱笑的她，现在一脸的愁容。姐姐问她："你多久没照过镜子了？"

她说："打扮了有什么用？没人看。"

姐姐拿来一面镜子，放在她面前，说："快照照你自己，看看变成什么样了吧！"

她抬起头,看到了一张暗沉的脸,黑眼圈、眼袋明显地浮在脸上,就像老了10岁。自己虽不是生在大城市富贵人家的女儿,可从小到大也是备受家人呵护。父母都是中学教师,从小对她和姐姐的管教甚严,绝不希望她变成眼前这副不修边幅、老气横秋的样子。

姐姐劝道:"他已经在弥补错误了,你再这样继续下去,不但折磨他,也折磨自己。把自己弄得狼狈不堪的,是你想要的吗?婚姻啊,难免有亮起红灯的时候,要想继续下去,就要学会释怀。事情已经发生了,一味地追究下去没意义。他犯过错,可他还爱这个家,在乎你跟孩子,也在努力挽回,过去的事要学会释怀。"

人生路上时常会有痛苦相伴,情感上的纠葛、失去珍贵之爱的遗憾、无意间受到了委屈和伤害,都可能会让女人陷入泥潭走不出。把这些事禁锢在心里,只会越来越沉重,越来越透不过气。唯有不断地让自己释怀,学会忘记,才能够平衡情绪,得到内心的宁静。

释怀,意味着纠正自己的不理智,把过去的一切当成经历接受它;释怀,是深陷世俗的生命对人生的一种超度,是匆忙的人生路上对沿途风景的一次凝眸。懂得释怀,就是在与自己和解,与生活和解,穿过了生命里那段黑暗的隧道,美丽就会再现,到那时候你会发现:天依然很蓝,树依然很绿,生活依然美丽多姿。

发泄情绪没关系,但不要迁怒他人

日常生活中,别人一句不经意的话、一个冷漠的眼神,都可能碰触我们的情感底线,引发情绪的潮涌。当坏情绪一股一股地涌上心头,出于不得已,我们可能会选择强忍着将其压抑。然而,这终究不是长久之计,当情绪积蓄久了,就会变成决堤的洪水,若不及时给它找一个引流的出口,就可能变得一发不可收拾。

公司的一位女同事跟我坦言,每天在大城市里打拼,背负着巨大的工作压力和生活压力。在公司里,做得不对要被老板批,合作出了问题要被客户埋怨,打电话拉业务有时候还会无端地被人辱骂……很多时候,她都会选择忍耐,默默承受,安慰自己说这都是生活的考验。

不过,她很庆幸,身边还有心疼她的母亲。之前的那些忍耐,有一半也是为了不让母亲担心,可时间长了,她已经不知道怎么安慰自己了。情绪越来越低落,偶尔还会莫名地伤感、哭泣,对工作也没了兴趣,感觉生活就是煎熬。

终于,她忍不住在母亲面前大发雷霆,歇斯底里地将多日的积怨发泄了出来。那一刻,她哭了,母亲也哭了。一阵急风暴雨的发泄后,她有一种强烈的负罪感。二十几年来,母亲含辛茹苦,只身一人拉扯着她,好不容易熬到她长大成人,却还要忍受她的坏脾气。她觉得自己太不孝顺了,那些美好与温情,都随着怒吼消失在了空气中。

对于这位女同事的遭遇,我表示理解和同情,但是对她宣泄情绪的方式,却不敢苟同。

每个人都会遇到影响情绪的事,当我们不堪重负时,就要为自己找个"出气筒"。然而,这里说的"出气筒",并不是将坏情绪发泄到他人身上。如果只图一时痛快,乱发脾气,只会给自己制造更多的麻烦,甚至造成难以挽回的局面。

有一次,我去一家银行办事,看到一个女营业员一副心不在焉的样子。有位顾客对此十分不满,就指责了她说:"请你不要把自己的不良情绪带给我们,我们是来办业务的,不是来看你脸色的。"谁料,那位女营业员没好气地回了一句:"我又没跟你生气,你管得着吗?"一听这话,后面排队的顾客纷纷换到了其他通道去,宁愿等的时间长点,也不愿意让营业员难看的脸色影响自己的好心情。这一幕,恰恰被值班经理瞧见了,他先是安抚了被女营业员怠慢的顾客,随后把女营业员叫到一旁,好心劝解了几句。谁知,女营业员非但不听劝,反而劈头盖脸地骂了经理一顿,然后扬长而去。

后来,因为业务需要,我经常去这家银行办事,但是再也没见到过那位女营业员,我猜她要么是主动离职了,要么是被解雇了。

情绪如同一把双刃剑,控制得好,就能赋予自己一双翅膀;失去控制,就会化为人生路上的荆棘。我们不能盲目地压制情绪,但也不能任由情绪随意地爆发,在释放心中积压的怨气时,一定要以不伤害自己和他人为原则。

我大学时的校花杨尔,现在是一名空姐。对她而言,微笑是她每天的必修课,谦和是她工作的一部分。或许是职业的缘故,与同龄的女孩相比,她算得上好脾气的那一类人。然而,好脾气的人并不意味着就没有烦心事、没有压力和坏情绪。有时,身体不舒服,心情不好,还得强颜欢笑,不免会让人觉得烦躁和厌倦。幸好,杨尔懂得自我调节。每飞完一次国际航班回来后,她都会好好"犒劳"自己:请自己美餐一顿,送自己一件喜欢的衣服或去泡个温泉,卸下所有的烦心事。然后回家美美地睡上一觉,疲惫感和厌倦的情绪一扫而光。再次投入到工作中时,她又是一副容光焕发、温婉谦和的样子了。

世上所有的人都不是孤立存在的,每个人每天都要与其他人接触,并相互影响。如果动辄就把别人当成自己情绪的垃圾桶,只要不爽,就不管不顾地向无辜的人发泄,别人也会不堪重负,势必会想办法甩掉包袱,把这种坏情绪再传给别人,你的不良情绪就变了一个污染源。

静心想想:迁怒于他人,把对方的心情弄得很糟,自己也没得到快乐,事后还可能会懊悔,是不是损人不利己呢?

随意迁怒于他人,你不仅侵犯了他人的心理空间,也是一种没有修养的体现。要想不委屈自己,又受人欢迎,切记:你可以发泄情绪,但不可迁怒于他人。